瑞博图书 主编

1分钟爱上数学

中国长安出版传媒有限公司

图书在版编目（CIP）数据

1 分钟爱上数学 / 瑞博图书主编 . —北京：中国长安出版传媒有限公司，2021.12

ISBN 978-7-5107-1082-7

Ⅰ . ①游… Ⅱ . ①瑞… Ⅲ . ①数学—青少年读物 Ⅳ . ① O1-49

中国版本图书馆 CIP 数据核字（2021）第 265563 号

责任编辑：刘爽

1分钟爱上数学

瑞博图书　主编

出版：中国长安出版传媒有限公司
地址：北京市东城区北池子大街14号
网址：http://www.ccapress.com
邮箱：ccapress@163.com
发行：中国长安出版传媒有限公司
电话：（010）66529988-1319
印刷：三河市双升印务有限公司
开本：710mm × 1000mm　16开
印张：10
字数：140千字
版本：2022年4月第1版　2022年4月第1次印刷

书号：ISBN 978-7-5107-1082-7
定价：78.00元

前言

生活离不开数学。也许很多小学生曾想过这个问题——怎么才能学好数学呢？是不是上课时端端正正地坐在教室里听老师讲，课下回家后认认真真地完成家庭作业，这样日复一日就能学好数学呢？答案当然不全是。事实也证明，小学生这样死板地苦学，其效果并不理想。科学研究显示，人脑中蕴涵着无数待开发的资源。一个普通人一生其脑资源的运用还不到总量的5%，那么，怎样才能最大限度地开发脑资源呢？专家指出，对小学生进行有针对性的数学思维训练，是开发少年儿童脑资源的最佳途径之一。而且，经过训练倍增的数学思维能力，可以让其受益一生，不仅能够快速提高数学成绩，而且更重要的是，其分析问题和解决问题的能力，足以应对未来层出不穷的挑战，适应未来社会的发展需要。

所以，许多在教学第一线的小学数学老师，经常给学生额外布置一些趣味数学思维训练题，让孩子在学中玩、玩中学，不同程度地锻炼孩子们的发散思维、逻辑思维和数学思维能力，让孩子感到好玩、有趣、刺激的同时瞬间爱上数学。

为此，我们编写了这本孩子爱看的《1分钟爱上数学》书，本书内容包括数字、图形、度量、时间数、数字生活、创意思维等，题型丰富，难易适中，寓教于乐。

我们相信，小学生经过本书的学习和训练，其思维能力将会有很大提高，灵活的头脑将使其在以后的学习中，能有不同程度的提高，真正达到越学越好玩、越玩越聪明的效果！

目录

1 第一章 数字王国真神奇

2

第二章 趣味数字会计算

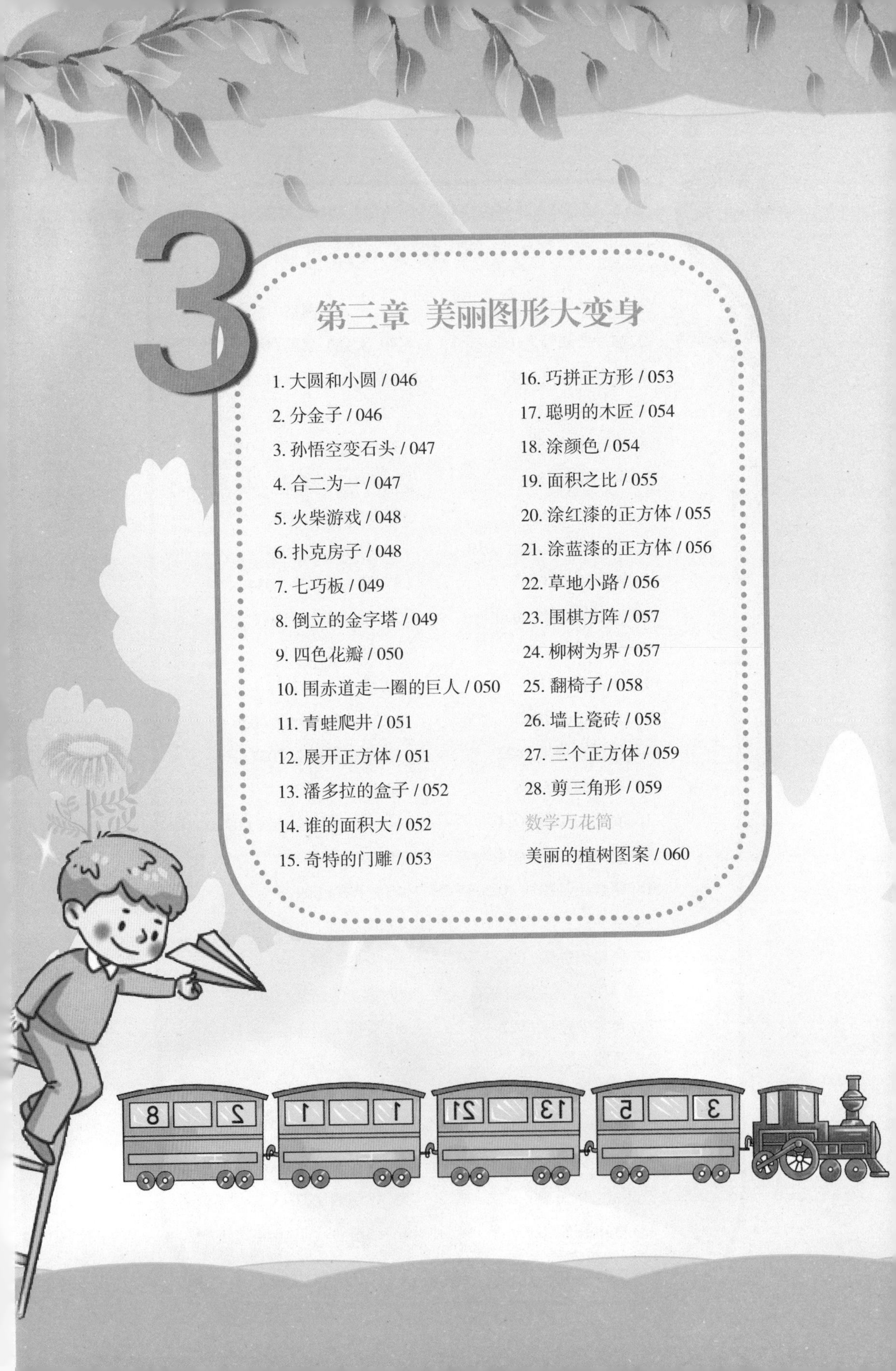

3 第三章 美丽图形大变身

第四章 五花八门度量衡

第五章 活学活用时间数

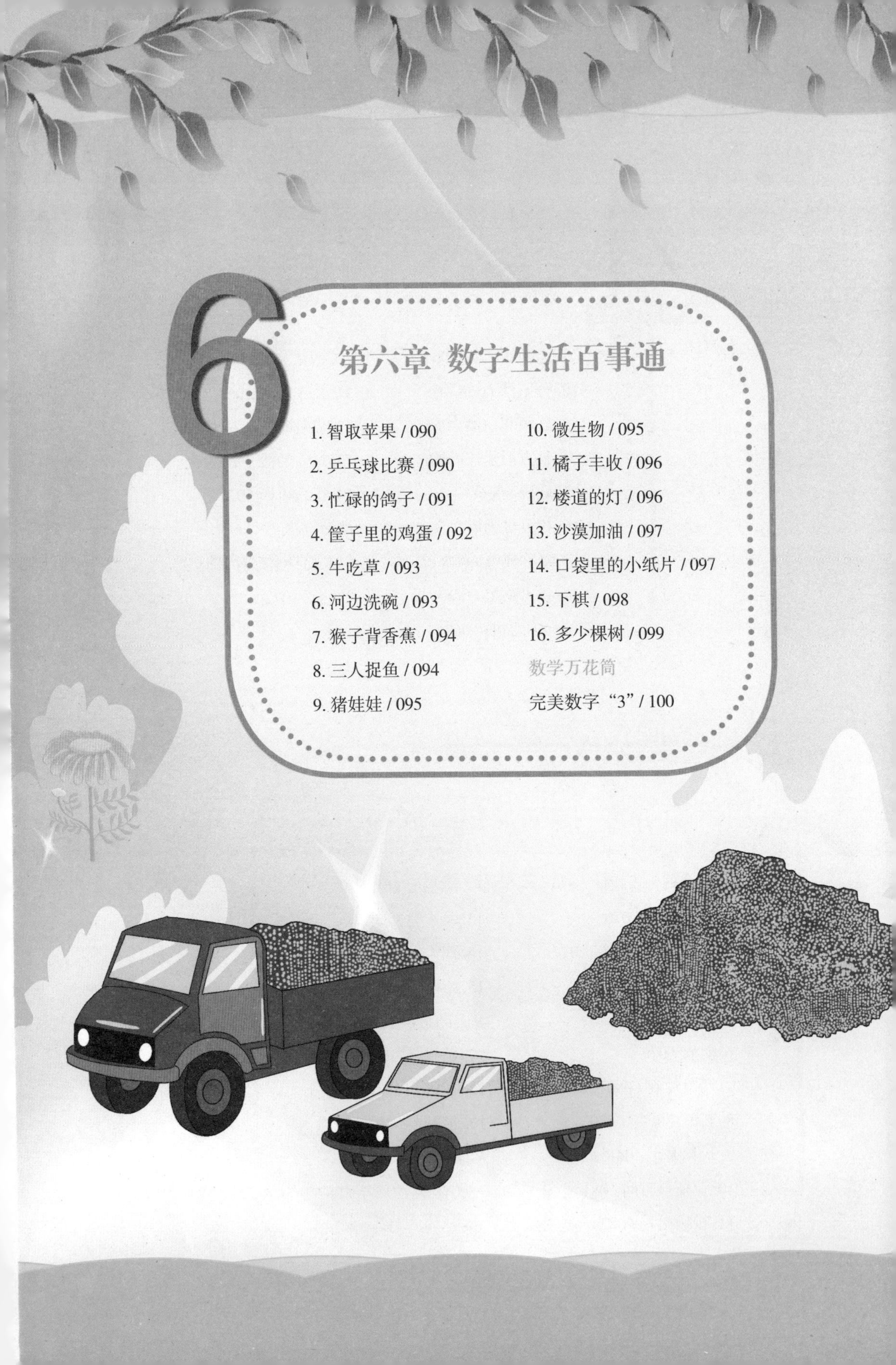

6 第六章 数字生活百事通

7

第七章 理财能手分身术

第八章 自然密码大揭秘

第九章 创意思维乐无穷

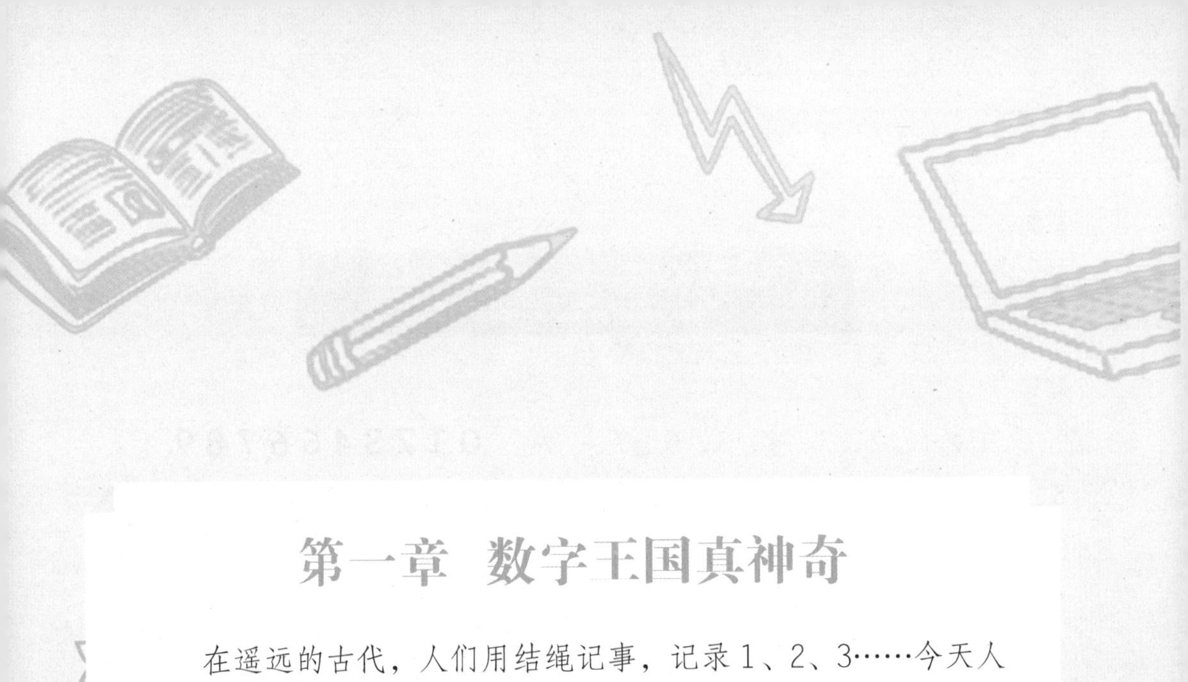

第一章 数字王国真神奇

在遥远的古代，人们用结绳记事，记录1、2、3……今天人们用计算机处理气象、天文等大型数据，无时无刻不与数字打交道。

数字就像数学的桂冠，神奇、迷人，让人流连忘返。本章用数字构思巧妙的游戏，让你在享受游戏乐趣的同时，锻炼思维能力。

1. 好兄弟闯难关

“0、1、2、3、4、5、6、7、8、9” 10个好兄弟一起去旅行。天黑后，他们投宿到了一家客栈里，可是客栈的老板并不友善，虽然同意他们入住，但是只提供了9个房间，而且每人所选择的房间必须满足下面的条件才能住进去。

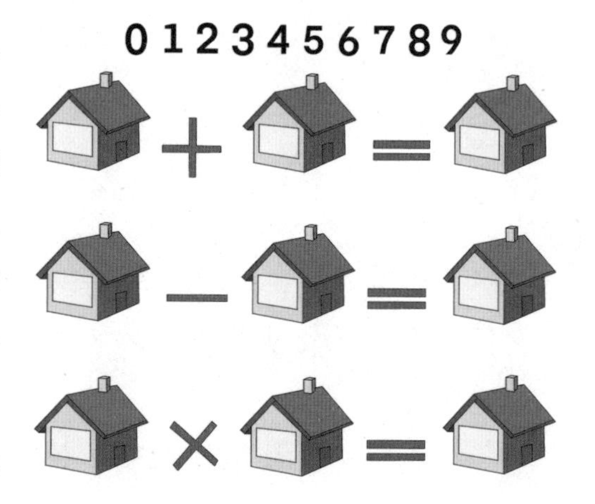

小朋友，你知道他们该怎么选吗？

2. 宝匣的密码

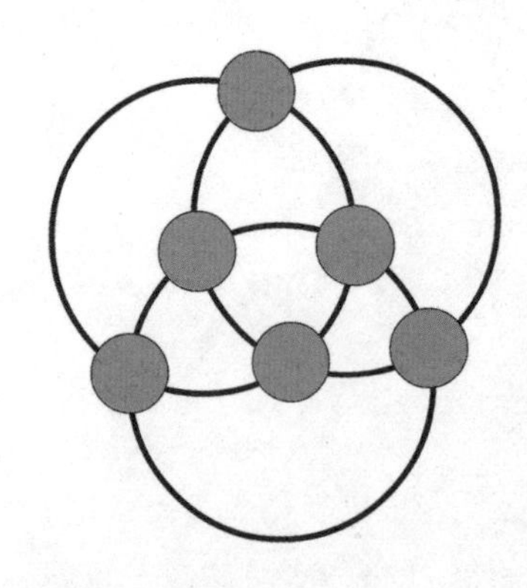

探险队员在一处宝藏里发现了一个宝匣，宝匣的密码是由匣子上0 ~ 5这6个数字组成的。下面的图形中，每个小圆圈里各填1个数字，若能使每个大圆圈上的数字加起来都等于10，就能打开宝匣，取出匣子中的宝物。

小朋友，你知道怎么填写数字吗？

3. 找到自己的位置

下面的火车车厢上有一组被打乱的数字，在被打乱之前，它们是按一种有趣的规律排列的。你试着找找看，重新排列下面的数字。

4.16 宫格的大门

一个大门上有16宫格，在这个16宫格中，填入1~16这16个数字，若能使无论横、竖或者对角线的数字相加都等于34，就可以打开大门。已知左边第一个顶点的方格数字是4，右边第一个顶点的方格数字是13，左边最底顶点方格的数字为7。

小朋友，你知道怎么填吗？

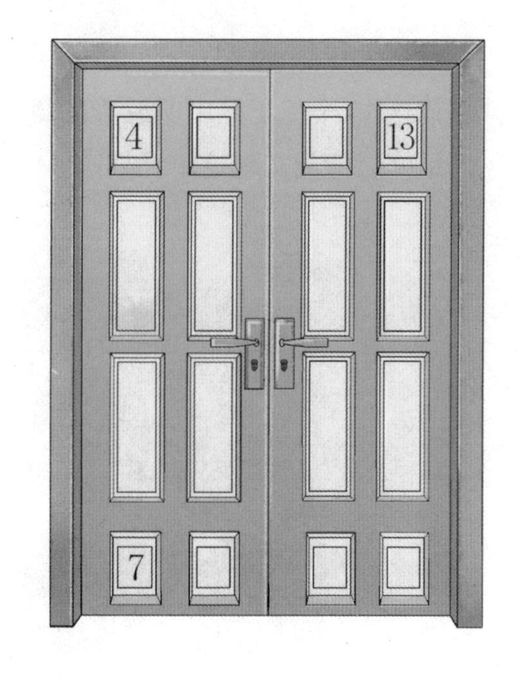

5. 九九归位

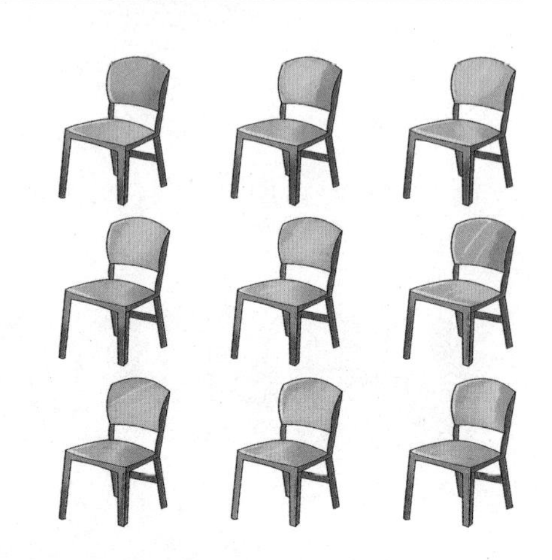

将 1~9 这 9 个数字分别填入下面 9 把椅子的靠背上，使得每一行的 3 个数字组成一个三位数。

如果要使第二行的三位数是第一行的 2 倍，第三行的三位数是第一行的 3 倍，那么应该怎样填？

6. 兔子和笼子

有个人想把 50 只兔子分别装进 10 个兔子笼里养着。他别出心裁地计划让这 10 个兔子笼中所放养的兔子数完全不同。

请问，他能实现这个计划吗？

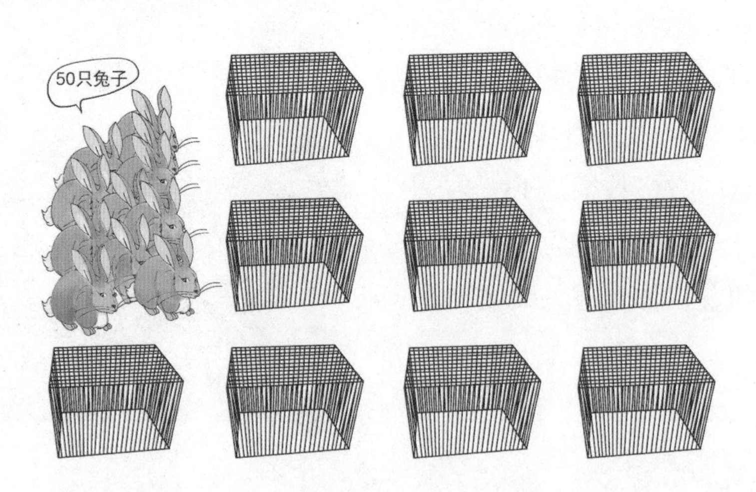

7. 树上的鸟儿有几只

3 棵树上共停了 36 只鸟，如果从第一棵树上飞 6 只鸟到第二棵树上，然后从第二棵树上飞 4 只鸟到第三棵树上，那么 3 棵树上的鸟的数量相等。

请问，原来每棵树上各停了多少只鸟？

8. 百依百顺

请仔细看下面1、2、3、4、5、6、7这7个数字，如果不改变它们的顺序，也不能重复，用几个加号把这些数连起来，能否使它们的和等于100？

9. 把苹果放进篮子

阿豪想把 100 个苹果分装在 6 个篮子里，每个篮子里所装的苹果数都要含有数字“6”。

阿豪该怎么装呢？

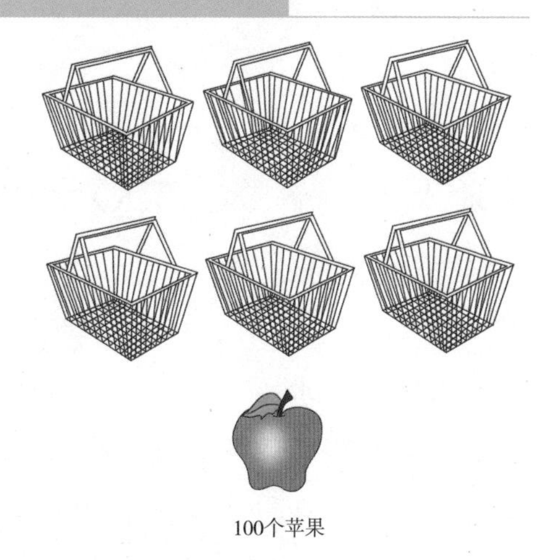

10. 会变的数

一个数乘以 4，所得的积减去这个数的 1/4 后，再依次减去这个数的 1/4、1/3、1/2，结果等于 10。那么，原来的数是多少？

11. 到底有多少水果

桌子上有一堆水果，分别为苹果、橘子、桃子和梨，苹果的个数加上3，橘子的个数减去3，桃子的个数乘以3，梨的个数除以3，结果均相等，而且这4种水果的总个数为96。

请问，这4种水果的个数分别是多少？

12. 买鞋还是买鞋带

某人用200元买了一双皮鞋，回家以后老婆说他买的鞋贵了，于是他去退货，并声称这双鞋根本不值那么多钱。

卖主给他提出另一种买卖方案：“如果你买鞋带我可以送你鞋，只不过你需要买8双鞋带，第一双鞋带仅卖1元，第二双卖2元，第三双卖4元，后面每双鞋带的价格均以此类推。”

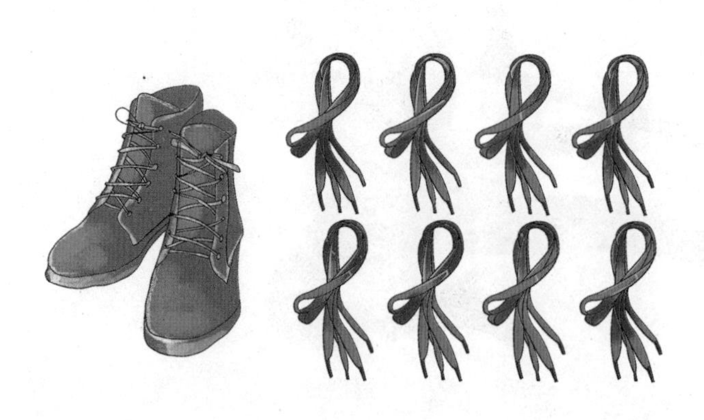

请问，买鞋和买鞋带哪个更便宜？

13. 酒鬼喝酒

5个空瓶可以换1瓶酒，一家小饭馆一星期内购买了161瓶酒，其中有一些是用喝完酒的空酒瓶换的。

请问，至少买了多少瓶酒呢？

14. 蚂蚁搬食物

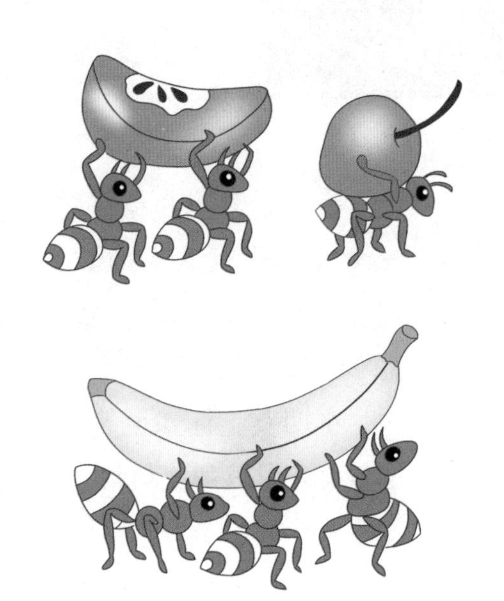

一只蚂蚁外出觅食，发现一堆食物，它立刻回洞找来10个伙伴，可还是搬不完。每只蚂蚁回去又各找来10只蚂蚁，大家再搬，食物还是剩很多。于是蚂蚁们又回去叫同伴，每只蚂蚁又叫来10个同伴，但仍然搬不完。蚂蚁们再回去，每只蚂蚁又叫来10个同伴。这一次终于把食物搬完了。

你知道搬这堆食物的蚂蚁一共有多少只吗？

15. 活化石银杏树

有株古银杏树，树上挂着一块牌子，牌子上写着：“要问我今年多少岁，100 比我小，1000 比我大，我的年龄数字从左往右每位数字增加 2，各位数字之和是 21。”

那么，你知道我几岁吗？

16. 鸡兔同笼

有若干只鸡和兔在同一个笼子里，从上面数，有 35 个头；从下面数，有 94 只脚。

小朋友，你知道笼子里各有几只鸡和兔吗？

17. 五数临门

5个一位整数，它们的和为30，其中一个数是1，另一个数是8，而这5个数的乘积是2520。

小朋友，你能说出余下的是哪3个数吗？

18. 完全数

完全数是指一个数包括1但不包括其本身的全部约数之和等于该数。最小的完全数是6，它的约数是3、2、1，而它也是1、2、3的和。

小朋友，你知道第二个完全数是几吗？

神奇的缺 8 数

有些数字是十分神奇的。例如，人们把 12345679，叫作“缺 8 数”。这个“缺 8 数”就有许多让人惊讶的特点，如用 9 的倍数与它相乘，乘积竟然是由同一个数组成的，人们把这叫作“清一色”：

12345679×9=111111111

12345679×18=222222222

12345679×27=333333333

12345679×36=444444444

12345679×45=555555555

12345679×54=666666666

12345679×63=777777777

12345679×72=888888888

12345679×81=999999999

这些都是“缺 8 数”与 9 的 1 倍至 9 倍的乘积显示出来的神奇结果。此外，“缺 8 数”与 99 加 8 的倍数的乘积，同样会得出令人感到神奇的答案：

12345679×99=1222222221

12345679×108=1333333332

12345679×117=1444444443

12345679×126=1555555554

12345679 × 135=1666666665

12345679 × 144=1777777776

12345679 × 153=1888888887

12345679 × 162=1999999998

12345679 × 171=2111111109

这些数字，也被人们形象地称作“清一色”。

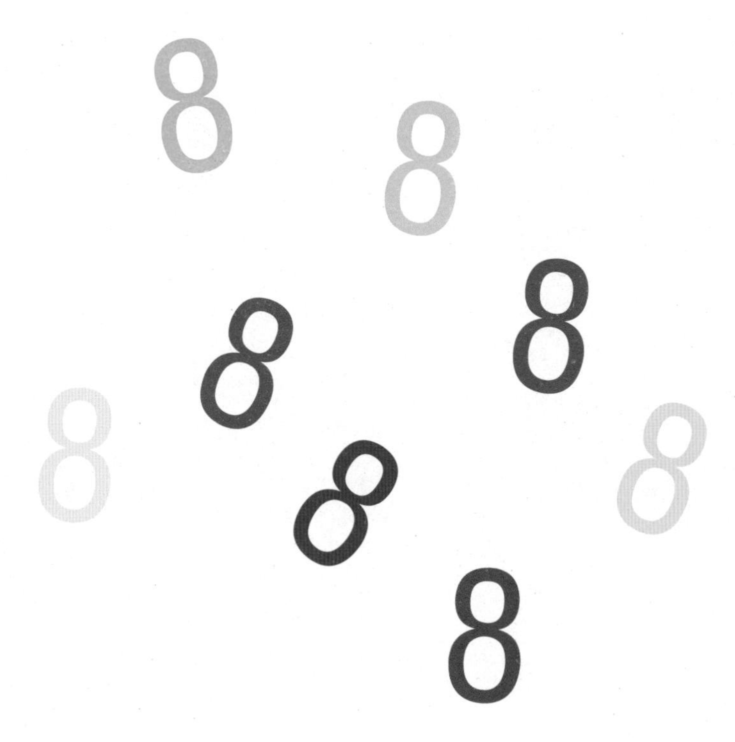

1分钟爱上数学

第二章 趣味数字会计算

小朋友，你想让智力水平真正提高，让思维模式彻底变革，让自己越来越聪明吗？逻辑游戏能够帮助你快速实现这些梦想。本章精选了趣味数字的逻辑游戏，将会给你带来一场丰富的逻辑头脑盛宴，赶快翻开下一页吧！

1. 巧穿数字

下面是由数字组成的迷宫图，如何从进口处走到出口处？

2. 加号变乘号

兔爸爸被它在报纸上看到的一个逻辑游戏难住了。趁它还没有被烦透，我们来看看这个游戏吧：

下面所示的一行数字相加之后正好等于45。那么，你能否在将其中一个加号改为乘号，使这行数字相加的值变成100呢？

1+2+3+4+5+6+7+8+9=45

3. 数学表达式

孙女士是位出色的数学教师，她又来检测你们的数学才能了。

“同学们，现在注意了！黑板上的这道题是不正确的。但是，如果你在等式左边的某些数字中间添加两个减号（-）和一个加号（+），就可以得出一个正确的数学表达式，并且可以使结果等于100。你们要在这堂课结束之前把符号放在正确的位置。”

1 2 3 4 5 6 7 8 9 = 100

添加两个减号（-）

添加一个加号（+）

4. 心 算

奇奇在思考这个题时想把它清楚地表达出来。他必须在心里把从1到100的数字加起来，但是，他尝试了10分钟就宣布放弃，他抱怨说自己总是忘记前面加的那些数字。然而，奇奇却不知道有一个简单的方法，可以让他快速解答这个题。

小朋友，你知道这个方法是什么吗?

5. 护身符

下图是约翰的护身符。但不幸的是印刷工把数字排在错误的位置，以至于它失灵了。如果要恢复它的魔力，必须把 1~9 这 9 个数字重新排列，使每条边上的 4 个数字相加的结果等于 17（三角形角上的数字同时算在相邻的两个边上）。

小朋友，你知道该怎样排列吗？

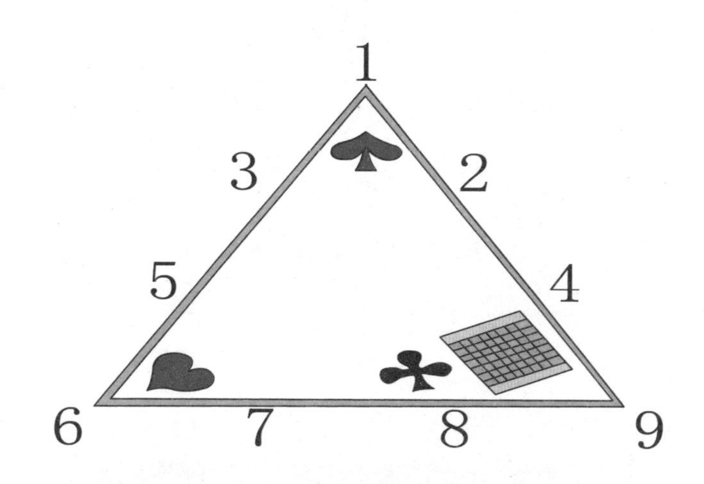

6. 车　厢

爸爸给明明买了一列玩具火车作为明明的生日礼物。除了火车配备的车厢之外，爸爸又花了 20 元买了另外 20 节车厢。乘客车厢每节 4 元，货物车厢每节 0.5 元，煤炭车厢每节 0.25 元。

小朋友，你能否计算出这几种类型的车厢各有几节？

7. 靶　子

家庭娱乐节目表演中李航和他的妹妹李琳在靶子上打出了相同的环数，他们一共得到了 96 分。

小朋友，你知道这些箭射在哪些环上吗？

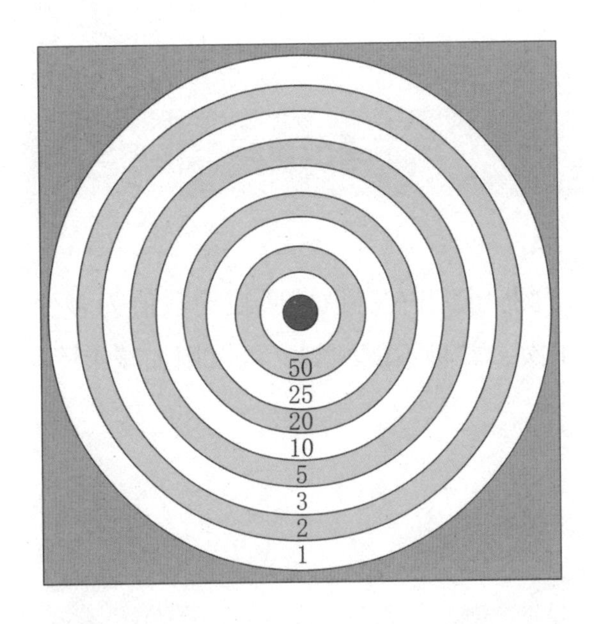

8. 动物园里的动物

现在是动物园的午餐时间，管理员每天都会分给这 100 只灵长类动物 100 个香蕉。每只大猩猩有 3 个香蕉，每只猿有 2 个香蕉，而猴因为最小，只有半个香蕉。

小朋友，你能否根据上面所给出的信息，计算出动物园里的大猩猩、猿、猴各有多少只呢？

9. 空壶取水

假设现在有一个池塘，里面有无穷多的水。有 2 个空水壶：容积分别为 5 升和 6 升。

小朋友，你知道如何只用这 2 个水壶从池塘里取得 3 升的水？

10. 房顶上的数

你能参照左下图计算出右房顶处所缺的数值为多少吗？门窗上的那些数字只能使用 1 次，并且不能颠倒，可以用加减乘除法计算。

11. 代表什么

在下面的乘法算式中，每个字母代表 0 ~ 9 中的一个数字，而且不同的字母代表不同的数字。它们之间有这样的关系：

$$A \times CB = DDD$$
$$A \times CB = D \times 111$$
$$A \times CB = D \times 3 \times 37$$

小朋友，请问 D 代表的是哪一个数字？

12. 求面积

如图所示，假设每个小正方形的边长为 1 个单位。小朋友，你能够算出下边 4 个图形的面积吗？

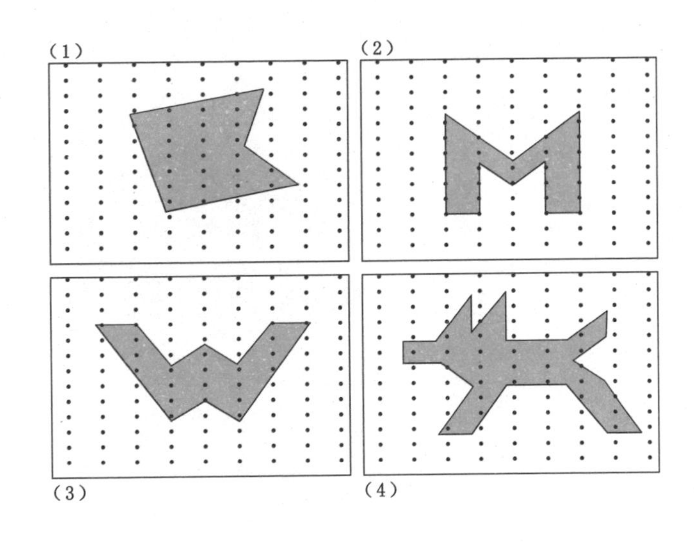

13. 多少员工

A大型企业的员工人数在1700 ~ 1800，这些员工的人数如果除以5就余3，如果除以7就余4，如果除以11就余6。那么，这个企业到底有多少员工？

14. 驴子和苹果

一个水果商人要骑着他的驴穿越1000公里长的沙漠，去卖3000个苹果。现在知道驴一次性可驮1000个苹果，但每走一公里，为了补充体力驴需要吃掉一个苹果。

那么，经过这一路的消耗之后，水果商人还有多少个苹果可卖？

15. 阴影面积

人造卫星上可以看到地球上很多的事物，我们利用人造卫星来俯瞰一块土地。这块土地基本上呈正方形，边长为 20 米。假设将每一条边的中点都作为标记，把整块土地分割成 9 块大小、形状各不相同的土地。

你能算出中间正方形阴影部分的面积是多少吗？

（注意：不要得意得太早，先告诉你，答案可不等于 100 平方米哦。）

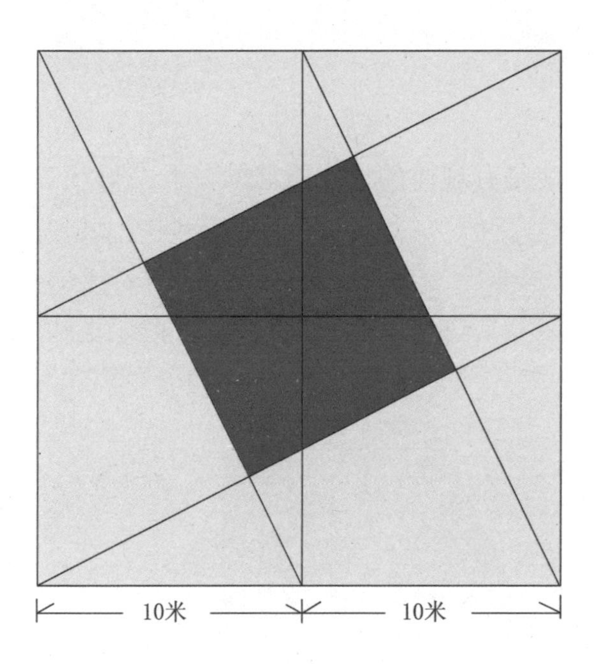

16. 女儿的年龄

一个父亲有3个女儿，这三个女儿的年龄加起来等于13，3个女儿的年龄乘起来等于父亲自己的年龄，有一个人知道父亲的年龄，但仍不能确定父亲3个女儿的年龄，这位父亲说只有一个女儿上学了，然后这个人就知道了他的3个女儿的年龄。

小朋友，请问：这3个女儿的年龄分别是多少？

17. 下一行数字

下面的一列数字是有规律的。你能继续写下去吗？

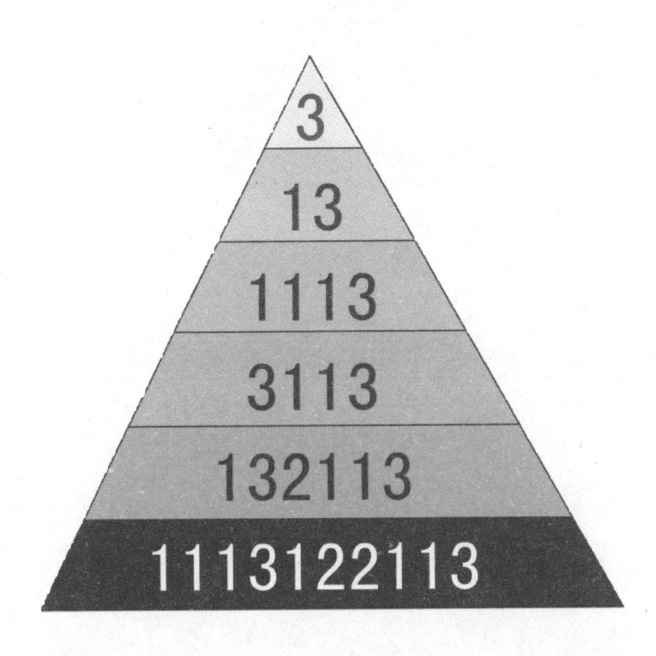

18. 赔钱还是赚钱

乐乐花 90 元在网上买了件衣服，很多朋友都特别喜欢。她脑子一转，又把这件衣服 120 元卖了出去，她觉得这样转卖挺划算的，于是又用 100 元在网上买进另外一件衣服，原以为会 150 元卖出，结果卖亏了，90 元才卖出。

乐乐这一番倒卖是赔了还是赚了？赔了多少还是赚了多少？

19. 举一反三改算式

普通的 12 支小木棍，百变的算式。小朋友你能不能在仅移动一根木棍的基础上，找出三种方法使下面的等式成立呢？

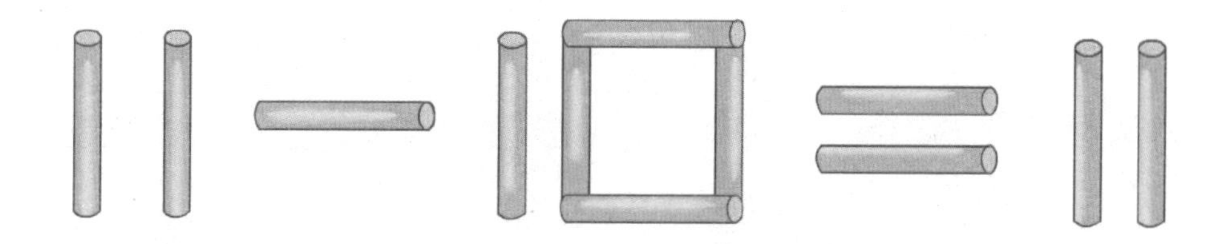

20. 鸭妈妈数数

鸭妈妈领着自己的宝宝们出去觅食，为了防止小鸭子们丢失，她一路上总是数着数儿，从后向前数到自己是 8，从前向后数，数到她是 9。鸭妈妈最后数出来她有 17 个孩子，可是鸭妈妈明明知道自己没有这么多孩子啊。

那么，这只糊涂的鸭妈妈到底有几个孩子呢？鸭妈妈为什么会数错？

21.6 只杯子的问题

在桌子上放 6 只杯子，如图所示。任意选一对并将它们翻过来。如果你一直翻转这些杯子，随便你翻多久，你能否最终使所有的杯子口朝上？或口朝下呢？

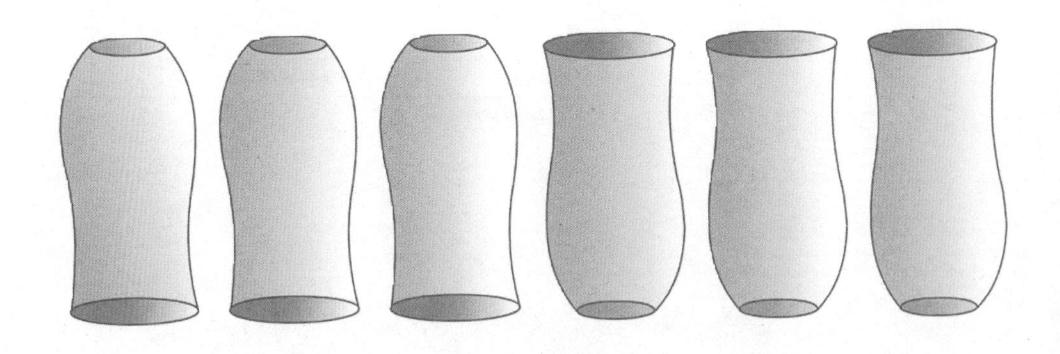

22. 有多少弹珠

默默跟小月一块到草地上玩弹珠，默默说：“把你的弹珠给我 2 个吧，这样我的弹珠就是你的 3 倍了。”

小月对默默说：“还是把你的弹珠给我 2 个吧，这样我们的弹珠就一样多了。”

那么，默默跟小月原来各有多少个弹珠？

23. 巧妙连线

请你沿着图中的格子线，把圆圈中的数字两两连接，使二者之和为 10。

（注意：连接线之间不能交叉或重复。）

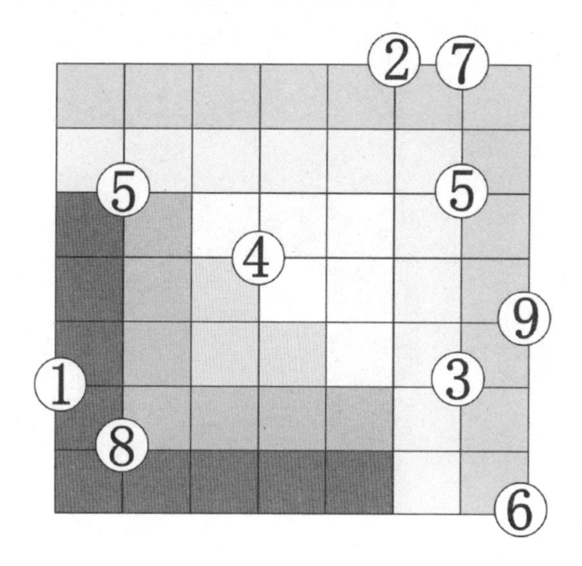

24. 亮的还是灭的

妈妈跟强子一块去逛街，回来后天已经黑了，妈妈叫强子开灯，强子想捉弄一下妈妈，连拉了 7 次灯。

请你猜猜强子把灯拉亮没？如果拉 20 次呢？如果拉 25 次呢？

25. 数字立方体

以下立方体中有两个面的数字是相同的，你能把它们找出来吗？

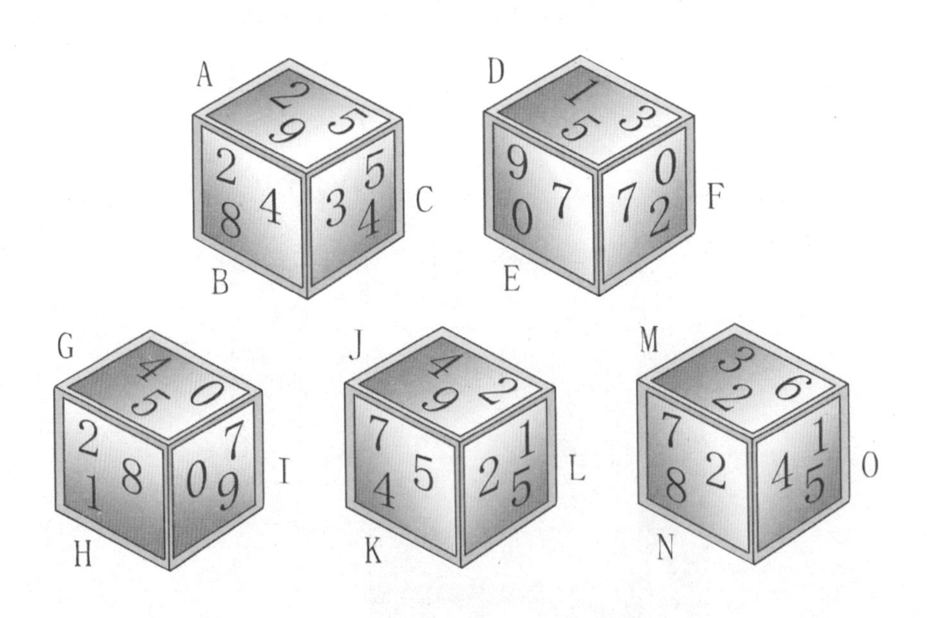

26. 买多少饮料

大李有 40 元钱，他想买饮料招待朋友，巷子口的饮料店老板告诉他，2 元钱可以买一瓶饮料，4 个饮料瓶可以换一瓶饮料。

小朋友，大李可以用这些钱买到多少瓶饮料？

27. 九宫图

将编号从 1 到 9 的棋子按一定的方式填入游戏中的 9 个小格中，使得每一行、列以及两条对角线上的和都分别相等。

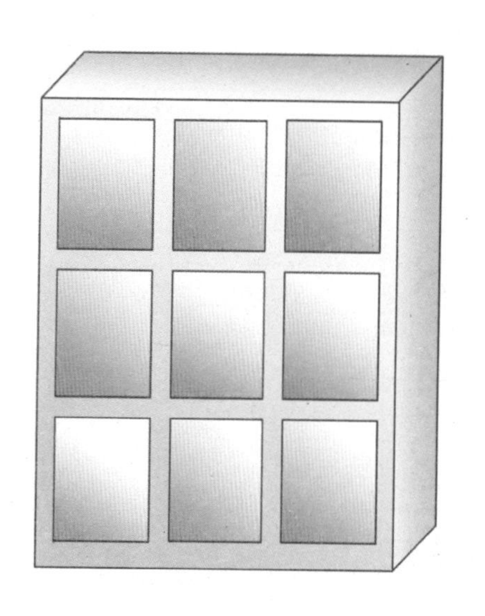

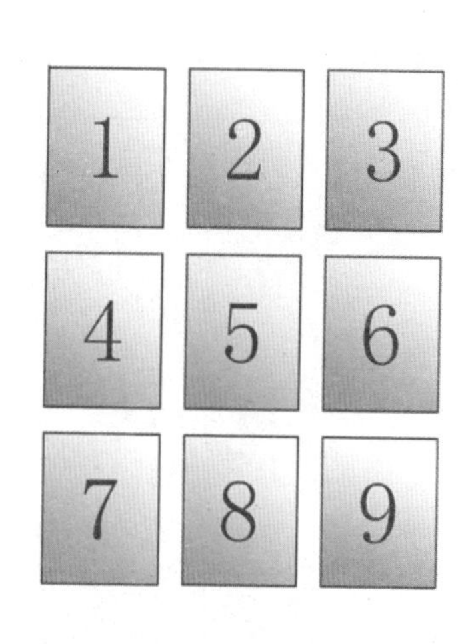

28. 巧分果冻

阿穆的妈妈买了许多果冻，这些果冻一共有 48 个，阿穆的妈妈对阿穆说：如果你能把这些果冻分成 4 份，并且使第一份加 3，第二份减 3，第三份乘 3，第四份除 3 所得的结果一致，那你就可以吃这些果冻了。

阿穆想了好长时间，终于把这个问题解决了，她是怎么分的呢？

29. 正方形网格

你能否将下面的格子图划分成 8 组，每组由 3 个小正方形组成，并且每组中 3 个数字的和相等？

9	5	1	6	8
1	3	5	4	8
5	7		3	4
8	2	7	6	2
5	6	4	2	9

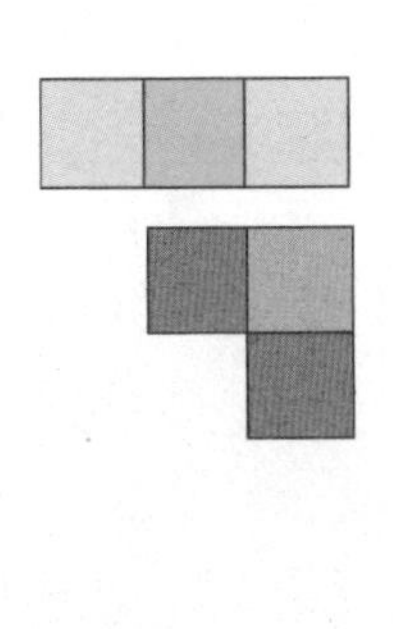

30. 天会不会黑

梅雨季节总是阴沉沉的。一直到 6 点放学，雨还在下，丽丽对青青说：“青青，你看，雨已经下了三天了，看样子是不会停了。”

小朋友，你觉得 40 小时后天会黑吗？

31. 五角星魔方

你能将数字 1 到 12（除去 7 和 11）填入下图五角星上的 10 个圆圈，并使任何一条直线上数字之和都等于 24 吗？

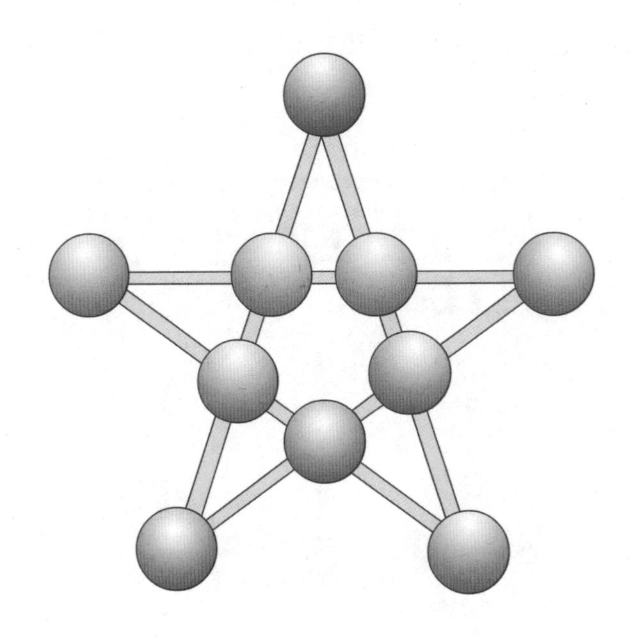

32.6 人买书

有 6 个小朋友去书店里买书，他们分别带了 14 元、17 元、18 元、21 元、25 元、37 元钱，到了书店里，他们都看中了一套书，一看定价，这 6 个人都发现自己所带的钱不够，但是其中有 3 个人的钱凑在一起正好可买 2 套，除去这 3 个人，有 2 人的钱凑在一起恰好能买 1 套。

小朋友，这套书的价格是多少呢？

33. 表盘上的数字

如图所示，将钟表表盘的数字全部拆开成一位数字，然后相加的和是 51。那么，把表盘所有数字拆成一位数字后，全部相乘，乘积是多少呢？

34.5 个 5 的算式

在下列算式中添上四则运算符号，使等式成立。

（1）.5　5　5　5　5 = 100

（2）.5　5　5　5　5 = 100

35.8 个“8”

将 8 个“8”用正确的方式排列，使得它们的总和最后等于 1000。

8 8 8 8 8 8 8 8

+

1000

36. 薯条促销

现在薯条正在进行促销活动，商店免费以 1 包薯条与顾客交换 8 个包装袋。玛丽立刻行动起来，找到了 71 个薯条的包装袋。

她最多可以换到多少包薯条呢？

37. 箭头与数字

在下面的方框中填上数字 1 ~ 7，使得每横行和每竖行中这 7 个数字分别出现一次。方框中箭头符号尖端所对的数字要小于另一端的数字。

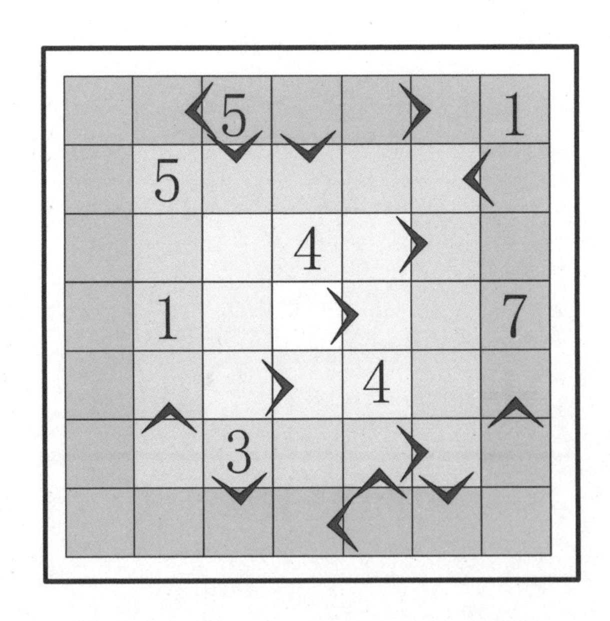

38. 玩　牌

3个探险家结伴去原始森林探险，路上觉得十分乏味，就聚在一起玩牌。

第一局，甲输给了乙和丙，使他们每人的钱数都翻了一番。第二局，甲和乙一起赢了，这样他们俩钱袋里面的钱也都翻了倍。第三局，甲和丙又赢了，这样他们俩钱袋里的钱都翻了一倍。因此，这3位探险家每人都赢了两局而输掉了一局，最后3个人手中的钱是完全一样的。细心的甲数了数他钱袋里的钱，发现他自己输掉了100元。

你能推算出来甲、乙、丙三人刚开始各有多少钱吗？

39. 补充数字

在数字圆圈里填什么数？

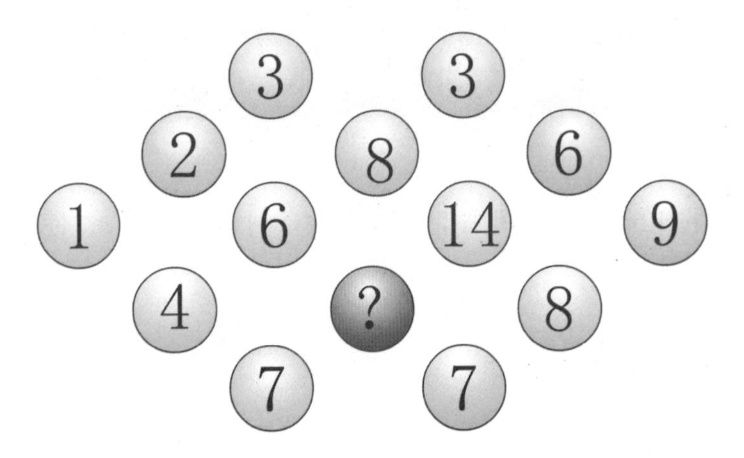

40. 数字 9

你能否找出一种方法，用 6 个 9 来表示 100？

41.2010 年的问题

在下面的 12 个 10 之间添上加减乘除（可以有括号），使等号成立。

10　10　10　10　10　10　10　10　10　10　10　10 = 2010

42. 寻找最大和

下图中，每格里都有一个数字，假设下端是入口，上端是出口，一步只能走一格，不允许重复，不允许横着走，也不允许向下走，思考一下怎样才能使你走过的格里数字之和最大？

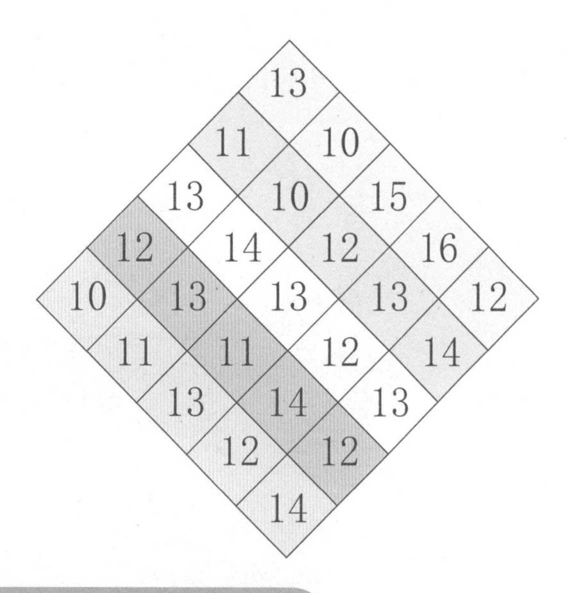

43. 删数字

如下图所示，欲使直列和横列的数字总和等于 70，只须删掉 4 个数字即可。

试问，应删掉哪 4 个数字？

21	28	21	21
42	14	14	14
21	14	14	35
7	28	35	35

44. 一共需要锯几次

把一根 90 厘米长的木头平均锯成 15 厘米长的一段，一共需要锯几次?

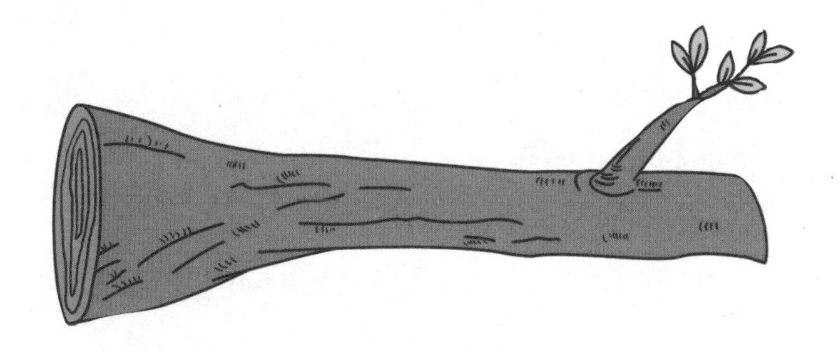

45. 加法题

让下列算式中改变一个步骤，使下面的加法题得数变成 245？

$$\begin{array}{r} 89 \\ 16 \\ +\ 98 \\ \hline \end{array}$$

46.4 个数

有一种人只知道 1、2、3、4 这 4 个数字。他们只用这 4 个数字（选用的数字不重复）一共可以组成多少个一位、两位、三位和四位的数呢?

47. 面布袋上的数

罗文核对自己的补给品时，他在面布袋上发现了一些有趣的东西。面布袋每 3 个放在一层，共有 9 个布袋，上面分别标有从 1 到 9 这几个数字。在第 1 层和第 3 层，都是 1 个布袋与另外两个布袋分开放，而中间那层的 3 个布袋则被放在一起。如果他将单个布袋的数字 7 乘以与之相邻的两个布袋的数字 28，得到 196，也就是中间 3 个布袋上的数字。然而，如果他将第 3 层的两个数字相乘，则得到 170。

罗文于是想出来一道题：你能否尽可能少的移动布袋，使得上、下两层每对布袋上的数字与各自单个布袋上的数字相乘的结果都等于中间 3 个布袋上的数字呢?

48. 空瓶换酒

有个啤酒商为了推销他们的酒，就规定每三个空酒瓶可以换一瓶啤酒，每瓶啤酒是 3 元。阿木一共喝了 15 瓶啤酒，只花了 30 元。

小朋友，你知道他是怎么做到的吗？

49. 数字的路线

将数字 1 ~ 9 放进数字路线中，使各等式成立。

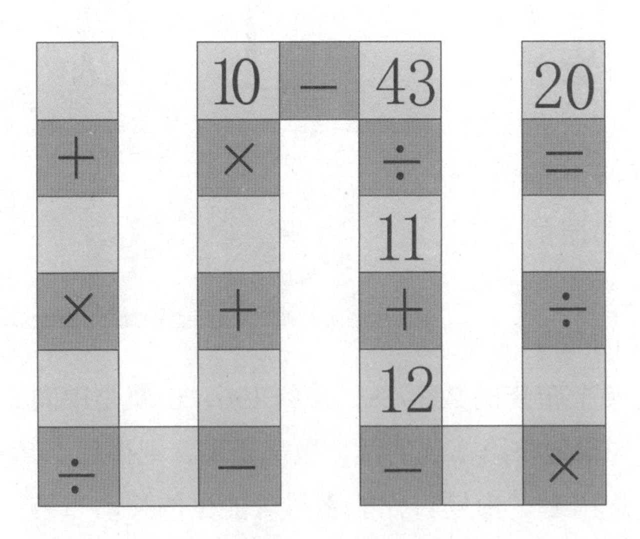

50. 香港人买东西

有一个香港人到美国旅游，在一家商店看上了一款相机，这款相机加上和它配套的皮套，店主要 410 美元。现在相机的价钱比皮套贵 400 美元，剩下的就是皮套的钱。如果现在掏出 100 美元，能买皮套吗？应找多少钱？

51. 墨 迹

哎呀！墨迹遮盖了一些数字。此题中，0 ~ 9 每个数字各使用了 1 次。小朋友，你能重新写出这个加法算式吗？

52. 青蛙跳井

有一口深 9 米的井，井底有只青蛙想要从井里跳出去。这只青蛙每次最多能跳 4 米，但是由于井壁非常光滑又会掉下来 3 米，请问，这只青蛙几次才能跳到井外？

53. 数学符号

问号部分应当分别用什么数学符号替代，才能使两个部分的值相同且大于 1？小朋友，你可以在“÷”和“×”之间选择。

54. 数字的规律

每一组的四个数字之间都存在着同一规律。小朋友，你知道问号处应该是什么数字吗？

9—8—7—2
11—5—9—4
8—5—7—3
12—4—4—?

55. 移动纸片

8 张纸片上分别写着数字 1、2、3、4、5、7、8、9，把它们按下图所示摆成两列。现在请你移动两张纸片，使两列数字之和相等。

第一列	第二列
1	3
2	4
7	5
9	8
+ 19	+ 20

56. 结婚的日期

童童的爸爸和妈妈在 10 年前的今天结婚，童童很想知道爸爸妈妈的具体结婚日期，就问爷爷，爸爸妈妈是什么时候结婚的。

爷爷说：“爷爷告诉你这个星期四是一月的第一个星期四，并且一月份所有星期四的日期之和是 80。如果你能算出 10 年前的今天是星期几，你就知道他们什么时候结婚了。”

小朋友，你猜猜他们结婚那天是星期几？

第三章　美丽图形大变身

美丽总是让人动心，尤其是美丽的图形。每当看见美丽的图形，总会让人感到眼前一亮，总会让人感叹图形的神奇。美丽的图形千变万化，转眼之间，就会从我们熟悉的图形，变成陌生的、神奇的、充满奥秘的图形，像鲜花、像金牌。

图形是数学游戏中重要的部分，也是最有趣的部分。本章通过图形大变身，让你了解图形的有关知识以及相关变化。

1. 大圆和小圆

两个圆环，半径分别是 1 和 2，小圆在大圆内部绕大圆圆周一周。

小朋友，小圆自身转了几周？如果在大圆的外部，小圆自身会转几周呢？

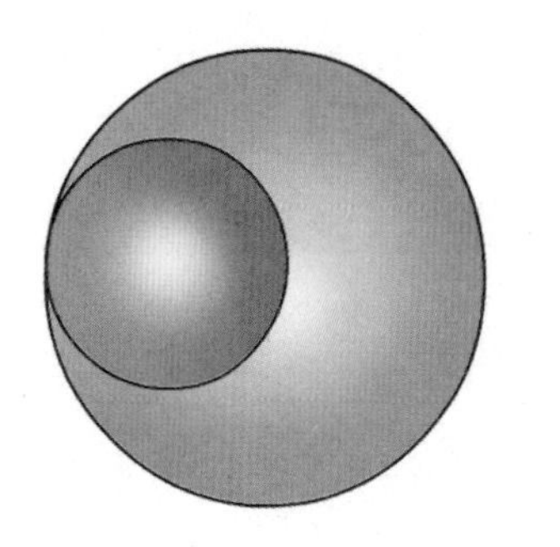

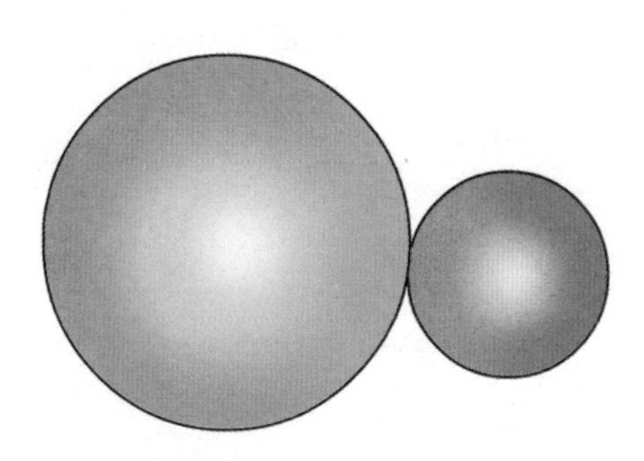

2. 分金子

有 4 块金子，金子的形状如下图所示。

为了公平起见，要把每块金子平均分成形状和大小完全一样的两块，如何分才能做到呢？

3. 孙悟空变石头

孙悟空在菩提祖师那儿学习了七十二般变化，师兄弟们吵着要他把一块六角形的石头变成长方形。说时迟，那时快，孙悟空仙气一吹，成功了。

小朋友，你能把六角形的石头变成长方形的石头吗?

4. 合二为一

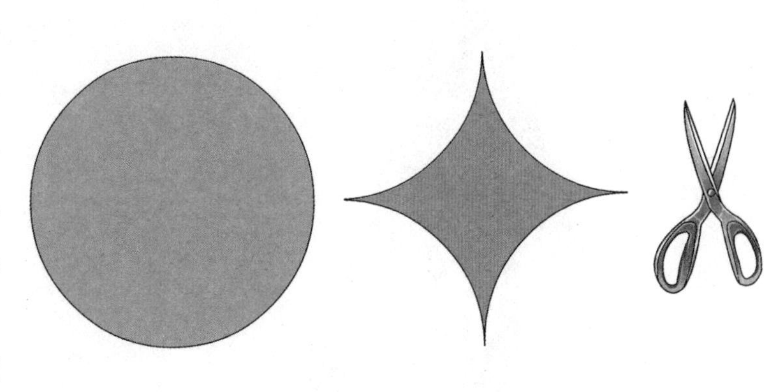

一个财主家财万贯，但他得了一种怪病，马上就要死了。他有两个儿子，因担心两个儿子不会管理家产，使自己多年攒下的财富化为乌有，于是决定哪个儿子的智慧高，就把绝大部分财产留给他。

财主把两个儿子叫到床前，给每个儿子两块形状、大小如下图所示的布料，只准剪一刀，拼成正方形，谁能做到，就留给谁绝大部分财产。

小朋友，你能做到吗?

5. 火柴游戏

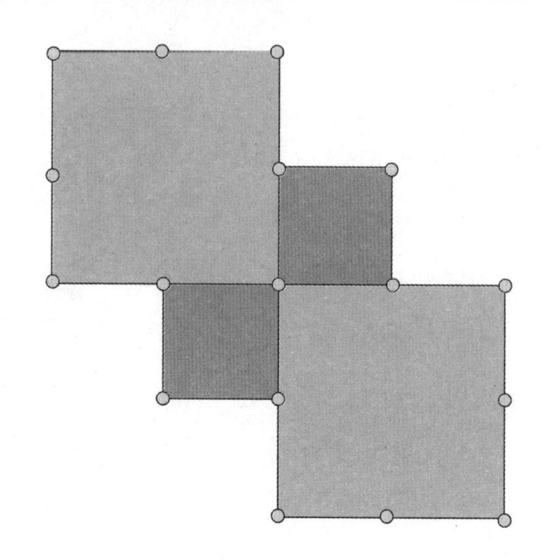

如下图所示，这是火柴拼成的2个大正方形和2个小正方形。如果只移动其中的4根火柴，小朋友，你能把它们变成3个大小、形状完全相同的图形吗？

6. 扑克房子

用15张扑克牌可以搭成一座3层高的扑克牌房子，要搭成一座10层高的扑克牌房子，需要155张扑克牌。

那么，要搭成一座50层高的扑克牌房子，一共需要多少张扑克牌呢？

7. 七巧板

七巧板是一种古老的中国传统智力玩具，其历史至少可上溯到2000年前，后来传到美国、日本等许多国家和地区，又叫作“七巧图”“智慧板”“流行的中国拼板游戏”“中国解谜”等。

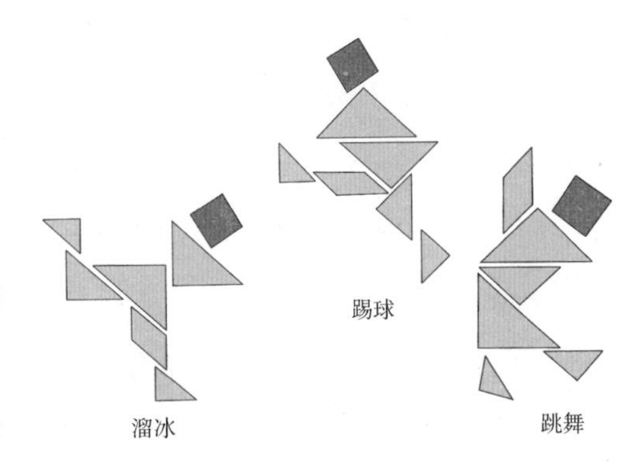

下面是七巧板人物造型。图中的三个人，一个在踢球，一个在溜冰，还有一个在跳舞，各有各的乐趣。

假设一副七巧板的总面积是16，7块小板的面积分别是4、4、2、2、2、1、1。这三个七巧板人物的头部面积与全身面积的比各是多少？

8. 倒立的金字塔

左边是用10根火柴排成的金字塔，右边是用10根火柴排成的倒立的金字塔。

你能不能只移动3根火柴，就把左边的金字塔变成右边倒立的金字塔？

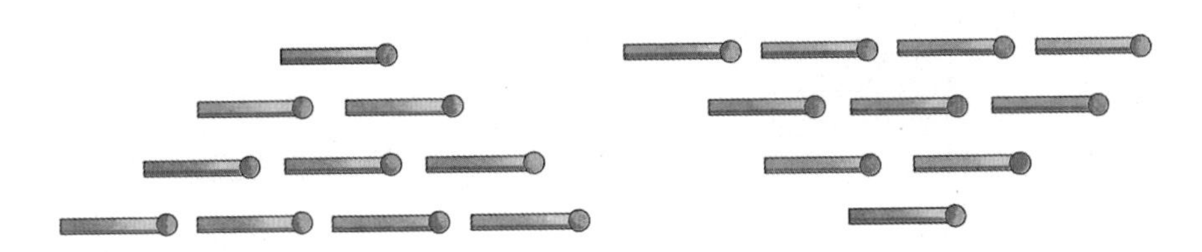

9. 四色花瓣

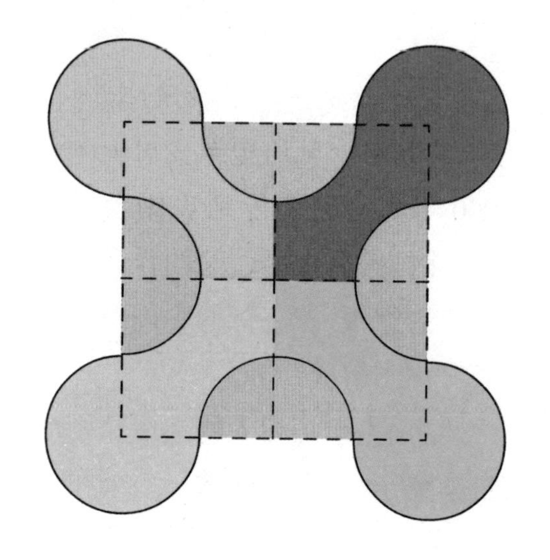

下图所示的花朵图案，有4个花瓣，是由8条圆弧连接成的。每条弧的半径都是1厘米，圆心分别组成一个正方形的顶点和各边的中点。

这个花朵图案的面积是多少平方厘米？

10. 围赤道走一圈的巨人

一位3米高的巨人，沿赤道环绕地球步行一周。那么他的脚底沿赤道圆周移动了一圈，他的头顶画出了一个比赤道更大的圆。地球赤道的半径是6378千米（在此取整数）。

在这次环球旅行中，这位巨人的头顶比他的脚底多走了多少千米？

11. 青蛙爬井

一只青蛙坐井观天，以为看到的就是整个世界，当它听小鸟说天其实很大时，萌发了走出去看看的念头。井的深度是9米，青蛙每小时向上爬1.1米，但同时又向下滑0.7米。

请问青蛙几小时能够爬到井口，看见外面的世界？

12. 展开正方体

有一个正方体纸盒，在它的三个侧面分别画有三角形、正方形和圆形。

现在用一把剪刀沿着它的棱剪开成一个平面图形，展开图应该是下面哪一个？

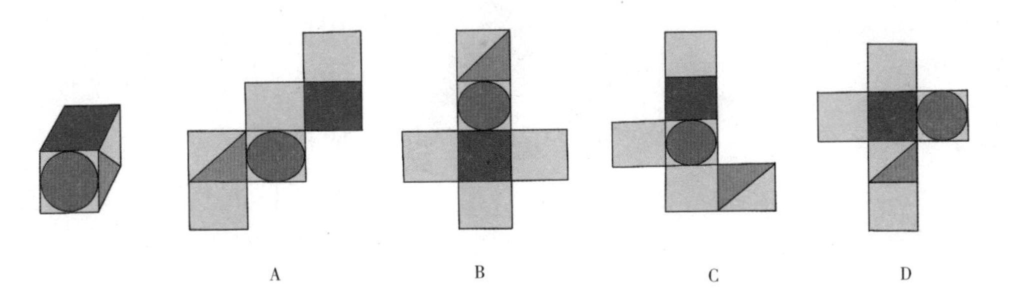

13. 潘多拉的盒子

希腊神话传说中，潘多拉没有禁住诱惑，打开了一个盒子，于是把各种各样的灾难带到了人间。

下面各图都是盒子的表面展开图，若将它们折成潘多拉盒子，则其中两个盒子各面图案完全一样，它们两个中有一个是潘多拉盒子。

小朋友，你能找出哪两个盒子各面图案完全一样吗？

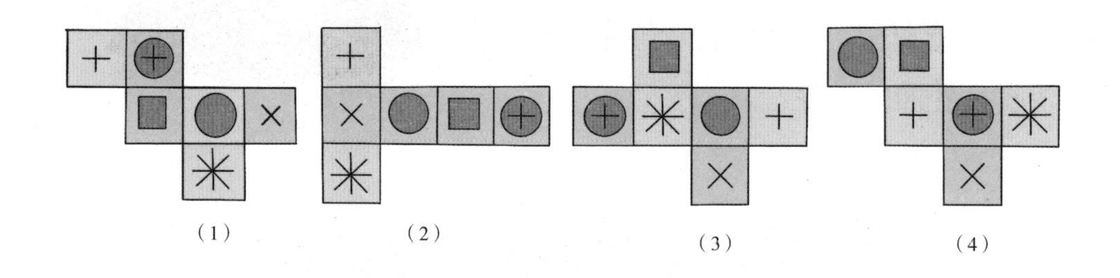

（1）　（2）　（3）　（4）

14. 谁的面积大

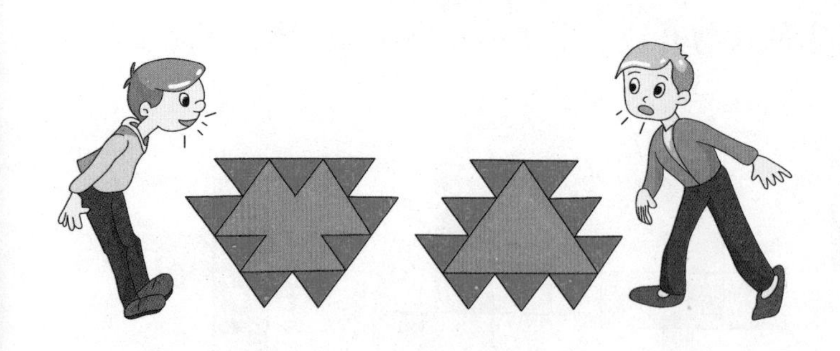

下面是小刚和小明用同样的三角形排成的两个图案。小刚说他排成的图案（左图）中间的空白面积大，小明说他排成的图案（右图）中间的空白面积大，两人争执不休。

请你仔细观察这两幅图，看一看到底哪个空白面积大。

15. 奇特的门雕

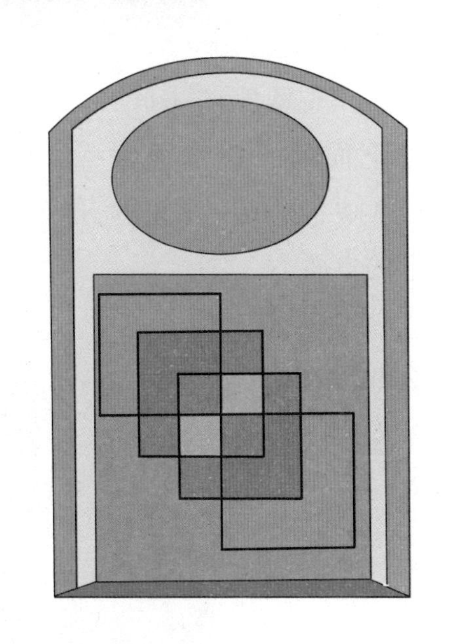

大西洋上有一伙海盗，他们把抢劫来的财宝都放在一个山洞里。山洞有一个石门，石门上有一个非常奇特的门雕。如果能够正确说出门雕上有多少个正方形，就可以进入藏有财宝的山洞。

你知道门雕上有多少个正方形吗？

16. 巧拼正方形

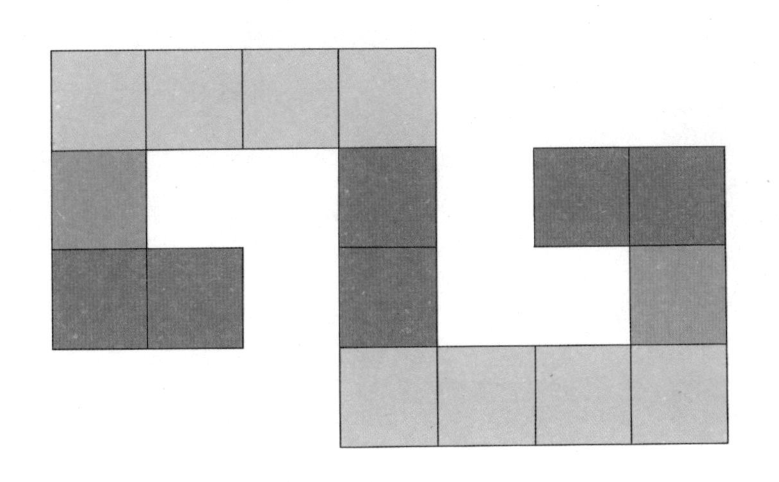

把下面的图形分成4个形状、大小都相同的图形，然后拼成一个正方形。

你能做到吗？

17. 聪明的木匠

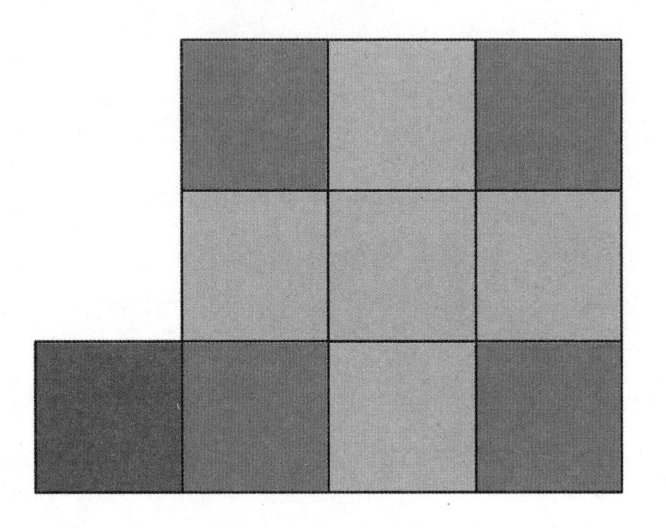

一位聪明的木匠，把下面的一块木板锯成3块，拼成一个正方形的桌面。

想一想，他是怎么做到的?

18. 涂颜色

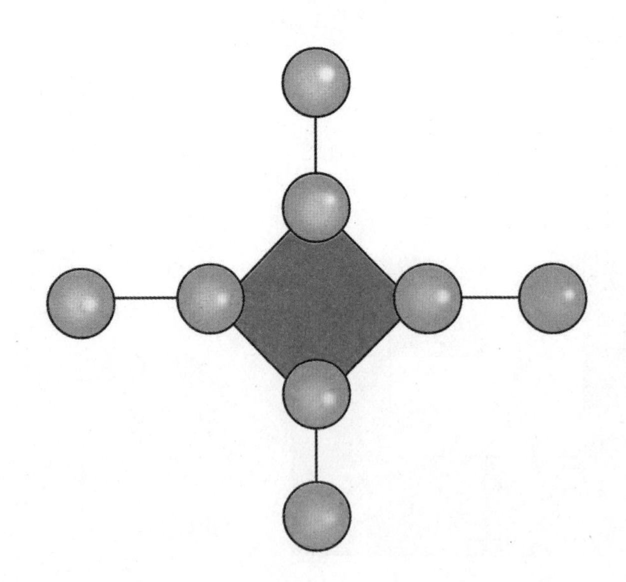

小明喜欢涂颜色。一天，小明的爸爸打印了下图所示图案。

小明要用红、黄、蓝三种颜色把图中的8个圆圈涂上颜色，每个圆圈只许涂一种颜色，并且有连线的两端的圆圈不能涂相同的颜色。

想一想，共有多少种不同的涂法?

19. 面积之比

有5个正方形，边长分别是1米、2米、3米、4米、5米。

图中白色部分面积与阴影部分面积的比是几比几？

20. 涂红漆的正方体

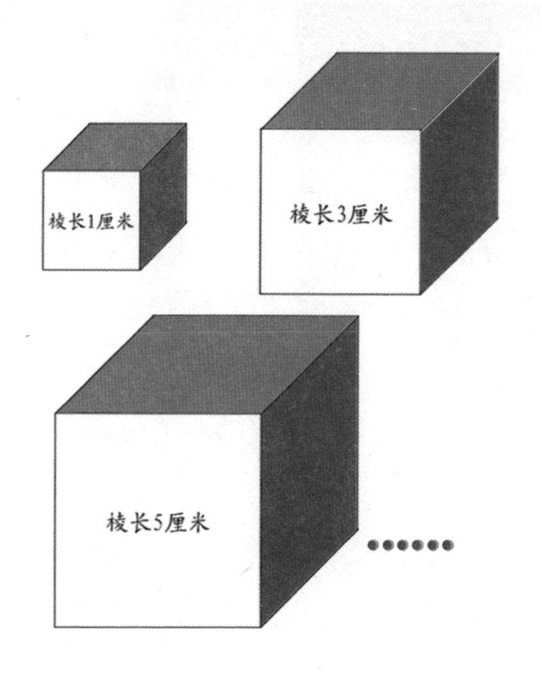

有50个表面涂有红漆的正方体，它们的棱长分别是1厘米、3厘米、5厘米、7厘米、9厘米……99厘米。将这些正方体锯成棱长为1厘米的小正方体，得到的小正方体中，至少有一个面是红色的小正方体共有多少个？

21. 涂蓝漆的正方体

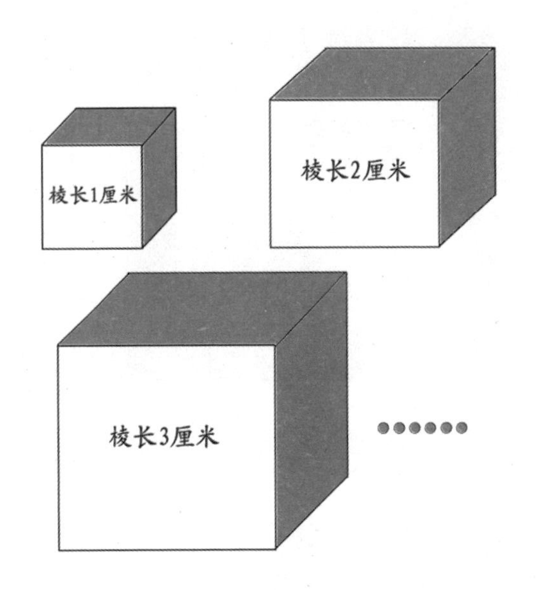

有棱长为1厘米、2厘米、3厘米……99厘米、100厘米、101厘米、102厘米的正方体102个，把它们的表面都涂上蓝漆，晾干后把这102个正方体都分别截成1立方厘米的小正方体。

在这些小正方体中，只有2个面有蓝漆的共有多少个？

22. 草地小路

某市有一片小草地，草地上有多条半圆形小路。两个人以同样的速度从 *A* 点出发，一个人从 *A* 到 *B* 沿着大圆走，另一个人从 *A* 到 *B* 沿着小圆走，谁先到达 *B* 点？两个人的路程相同吗？

23. 围棋方阵

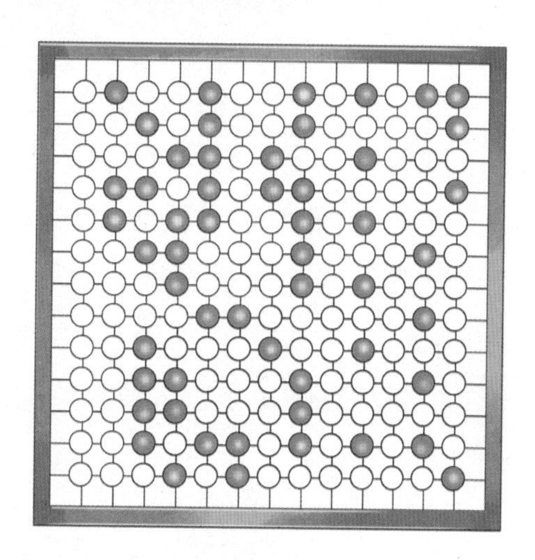

由 200 多枚围棋棋子摆成了下面的一个正方形，甲先从中取走 10 枚，乙再从中取走 10 枚……这样轮流取下去，直到取完为止，结果最后一枚被乙取走。

乙共取走了多少枚棋子？

24. 柳树为界

古时候，有个财主快要死了，他把两个儿子叫到跟前说："我快不行了。我死后，你们的母亲跟着弟弟生活，你们两兄弟把家里的地以地中的老柳树为界，按 2∶3 进行分配，老大得 2 份，老二得 3 份。"说完，他掏出地的示意图交给大儿子后就断气了。

两个糊涂的儿子，左思右想，感觉怎么也不好分，你能帮助他们吗？

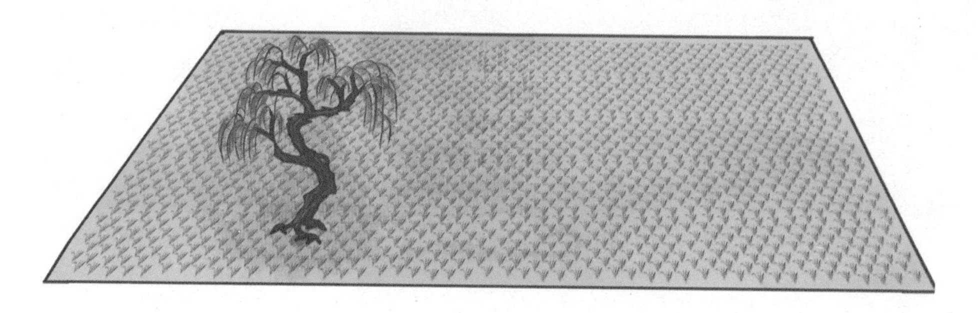

25. 翻椅子

有一把用火柴棒组成的椅子如下图所示。椅子翻倒了且掉了一条腿。移动其中2根火柴棒，使椅子翻过来，而且看上去也不缺少腿。

小朋友，你知道怎么做吗？

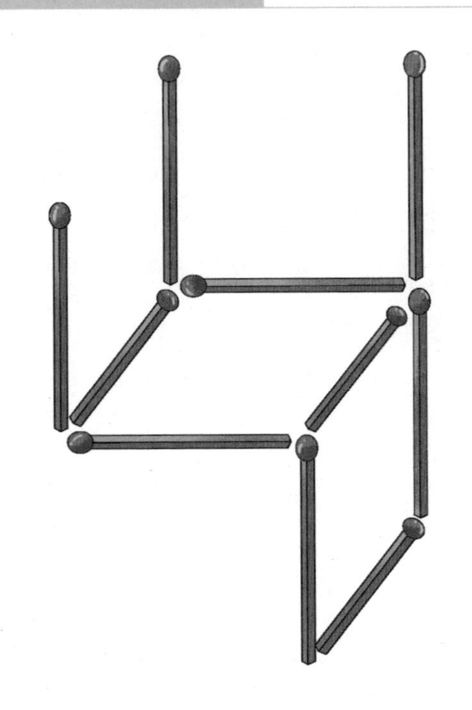

26. 墙上瓷砖

小明刚刚搬了新家，他发现墙上的瓷砖很有规律——同样大小的长方形瓷砖摆成了下面这样的图形。

已知每块瓷砖的宽是12厘米，请算出阴影部分的总面积。

27. 三个正方体

三个正方体，棱长分别是 1 厘米、2 厘米、3 厘米。将它们粘在一起得到一个立体图形，它的表面积是多少？

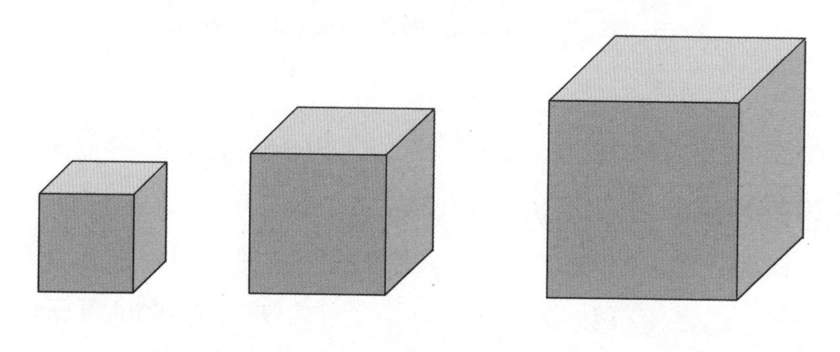

28. 剪三角形

将等边三角形纸片按图 1 所示的步骤折叠 3 次（图 1 中的虚线是三角形的三边中点的连线），然后沿两边中点的连线剪去一角（图 2）。

将剩下的纸片展开、铺平，得到的将是图 3 中的哪一幅图形？

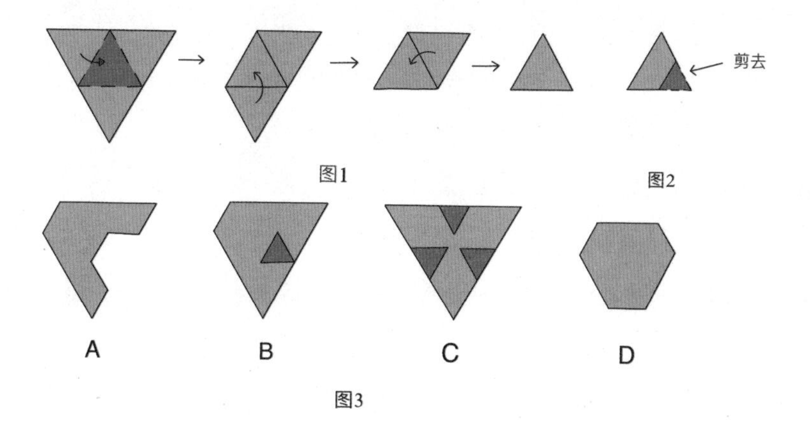

美丽的植树图案

很久以前，阿拉伯数字王国的国王过 20 岁生日，罗马数字王国派人送来了 20 棵珍贵的树，作为生日礼物。

国王十分高兴，他命令“20”大臣将这 20 棵树栽在宫廷花园里，每行要有 4 棵，还要使行数最多。这可是一个很难很难的问题啊！“20”大臣张榜招贤，凡是能巧妙地栽下这 20 棵树的人将有重赏。可是，谁也设计不出来。

“20”大臣日夜思索，翻了大量的资料，又用石子进行了一次次的试验。他画了成千上万个图样。画着，试着，忽然，他眼睛一亮，看到了一个极其美妙的图案。

“20”大臣立即把图案奉献给国王。

国王见了非常高兴，“20”大臣指着图案对国王说：“陛下，您看，图中所栽的树不论横数、竖数或斜数，每行都是 4 棵，这样最多 18 行。”

国王赞叹不止，说：“这样美丽奇妙的植树图案，我在任何公园都没有看见过，简直太美妙了。我要重重地赏你！”

“20”大臣站了起来，笑了笑说：“陛下，别赏我，这并不是我发明的。”

“什么？这不是你的发明？”国王问。

“对，这是一位名叫山姆·劳埃德的数学家发明和设计的，我只是把他设计的图案用到了植树问题上。”“20”大臣据实说。

“好，好，你能用上这个图案，也是有功的。”说着，国王宣布了对

“20”大臣的奖赏，并将这个图案命名为“20 图案”。

国王立即派人按照“20 图案”，把 20 棵树栽在宫廷的花园里。

从此，这美丽的植树图案就流传至今。

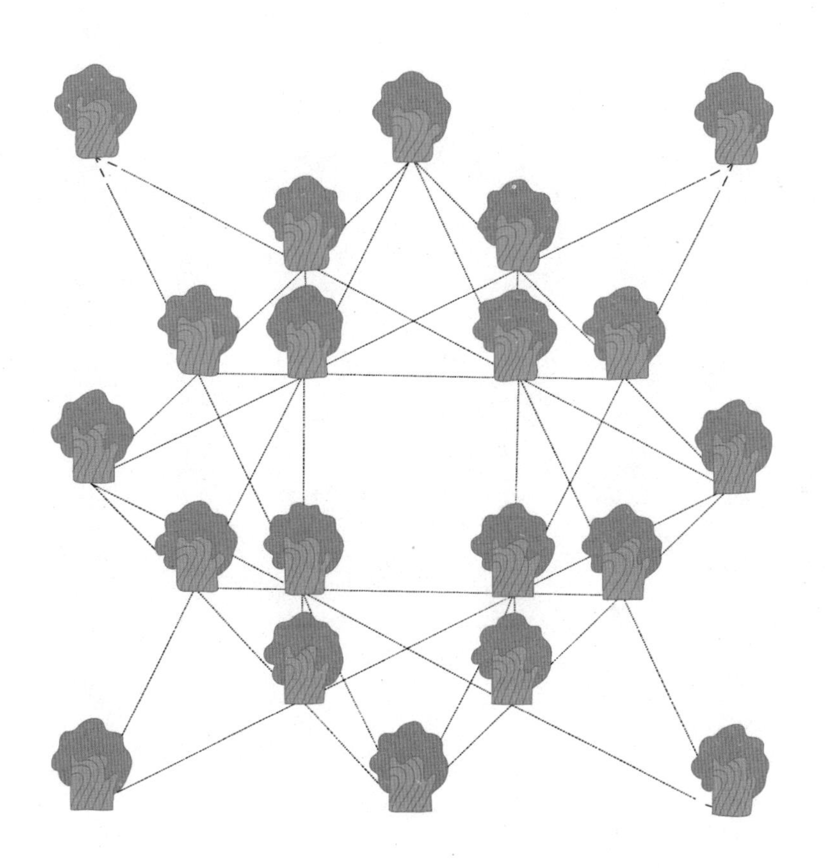

1分钟爱上数学

第四章　五花八门度量衡

度量衡是指在日常生活中用于计量物体长短、容积、轻重的器具的统称。我们的生活离不开数学，更离不开度量衡。度量衡是数学的一个重要方面，与人们的生活密切相关。本章主要是有关度量衡的数学游戏，让你了解度量衡的有关知识，并在享受游戏乐趣的同时，养成公平的意识。

1. 老板娘卖酒

据说，有人给酒肆的老板娘出了一个难题：此人明明知道店里只有两个舀酒的勺子，分别能舀 7 两和 11 两酒，却硬要老板娘卖给他 2 两酒。

聪明的老板娘毫不含糊，用这两个勺子在酒缸里舀酒，并倒来倒去，居然量出了 2 两酒。你能做到吗？

2. 分果汁

3个小朋友分果汁，有7杯满杯的果汁、7杯半杯的果汁和7个空杯子。

要把果汁和杯子平均分给三个小朋友，你知道怎么分吗？

3. 红酒和白酒

一只杯子里装着红葡萄酒，一只杯子里装着白酒，都是300毫升。现在从装着红葡萄酒的杯中倒出30毫升红葡萄酒与白酒混合，混合均匀后，再从混合的酒中取出30毫升倒回装红葡萄酒的杯中，每个杯中的酒仍然是300毫升。

请问，这时是红葡萄酒杯中的白酒多，还是白酒杯中的红葡萄酒多呢？

4. 长方形麦田

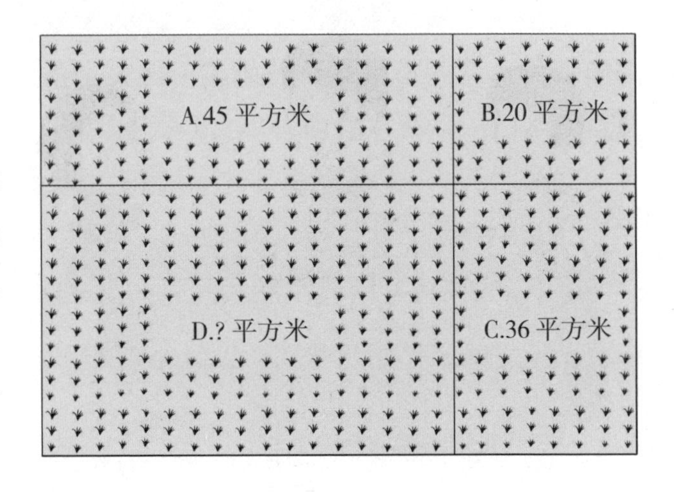

一块长方形小麦田，被互相垂直的两条直线分成 A、B、C、D 4 个部分。A 是 45 平方米，B 是 20 平方米，C 是 36 平方米。

那么，D 是多少平方米呢？

5. 砝码

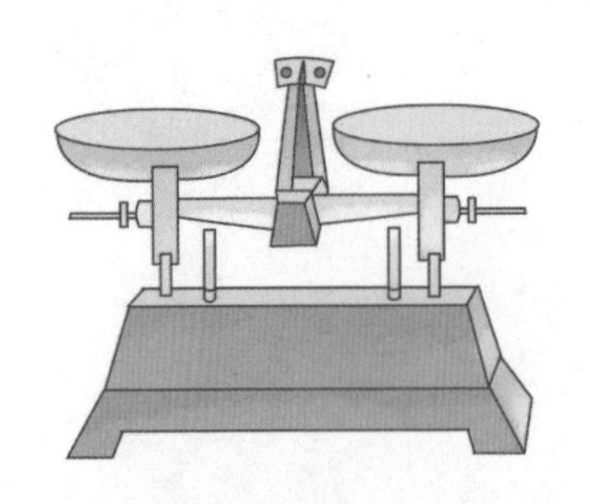

用天平称量物体的质量时，总少不了砝码。用 1 克、2 克、4 克、8 克……的方法设置砝码，需要的砝码数量太多，实际上完全可以用得少一些。

请你重新设计一个方案，只用 4 个砝码就能用天平称量 1~40 克的全部整数克的物体的质量。

6. 找零件

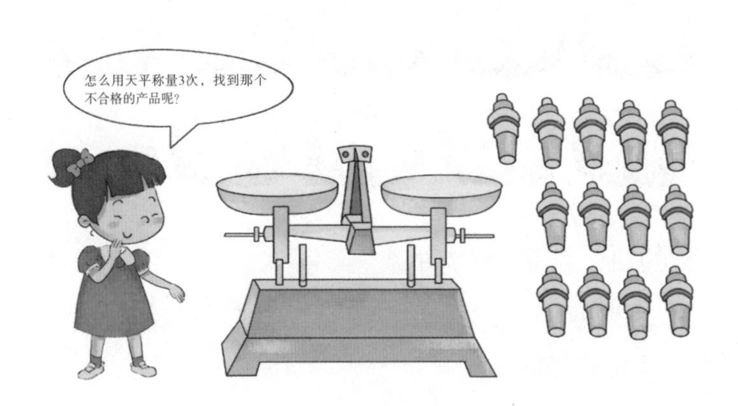

有 13 个零件，外表完全一样，但有 1 个是不合格品，其重量和其他的不同，而且轻重不知。

请你用天平称 3 次，把它找出来。

7. 巧称体重

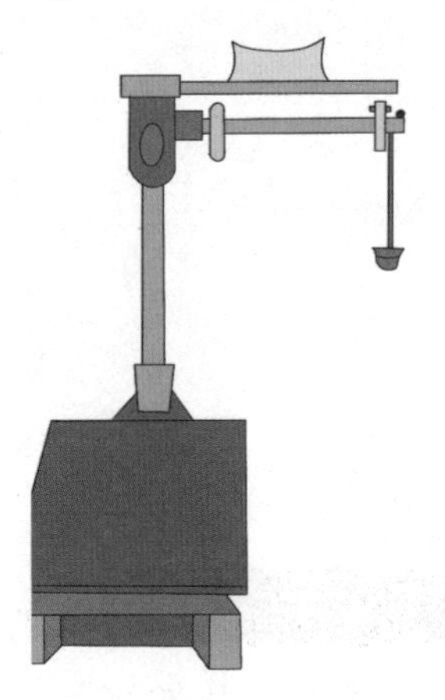

一架大台秤，少了一个 20 千克的秤砣，它只能称 20 千克以下或 40 千克以上的重量。有甲、乙、丙 3 个学生，体重都超过 20 千克，但又都少于 40 千克。

想一想，怎样才能称出每个人的体重？

8. 找出鸡蛋

某食堂买回 100 个鸡蛋，每个篮子装 10 个。其中，9 个篮子里装的鸡蛋每个都是 50 克重，1 个篮子里装的每个都是 40 克重。

这 10 个篮子混在一起，只准用秤称一次，就能找出哪一个篮子里装的每个鸡蛋都是 40 克的，你能做到吗？

9. 飞机加油

每架飞机只有一个油箱，飞机之间可以相互加油（注意，是相互，没有加油机）。一箱油可供一架飞机绕地球飞半圈。

为了使至少一架飞机绕地球飞一圈再回到起飞时的机场，那么，至少需要出动几架飞机？

注意：所有飞机从同一机场起飞，而且必须安全返回机场，不允许中途降落，中间没有机场。为计算方便，飞机起落和机场加油时间忽略。

10. 两鼠穿垣

有一处墙壁厚 5 尺（1 尺 =10 寸），大小两只老鼠同时从墙的两面，沿同一直线相对打洞。大老鼠第一天打进 1 尺，以后每天的进度为前一天的 2 倍；小老鼠第一天也打进 1 尺，以后每天的进度是前一天的 1/2。

经过几天它们可以相遇？相遇时各自打进了多少？

11. 百羊问题

甲牵 1 只肥羊走过来问牧羊人：“你赶的这群羊大概有 100 只吧？”

牧羊人答：“如果这群羊加上 1 倍，再加上原来这群羊的 1/2，又加上原来这群羊的 1/4，连你牵着的这只肥羊也算进去，才刚好凑满 100 只。”

你能算出牧羊人赶的这群羊共有多少只吗？

12. 伽利略的赛马

伽利略是意大利著名的科学家。有一次，他到赛马场看赛马，想出了一道数学题。

这道题是这样的：赛马场有一条跑马道，长 600 米。现在有 A 、B 、C 三匹马。A 马 1 分钟能跑 2 圈，B 马 1 分钟能跑 3 圈，C 马 1 分钟能跑 4 圈。

如果这三匹马并排在同一个起跑线上，向着同一个方向跑，那么经过几分钟，这三匹马才能重新排在起跑线上？

13. 站立的骰子

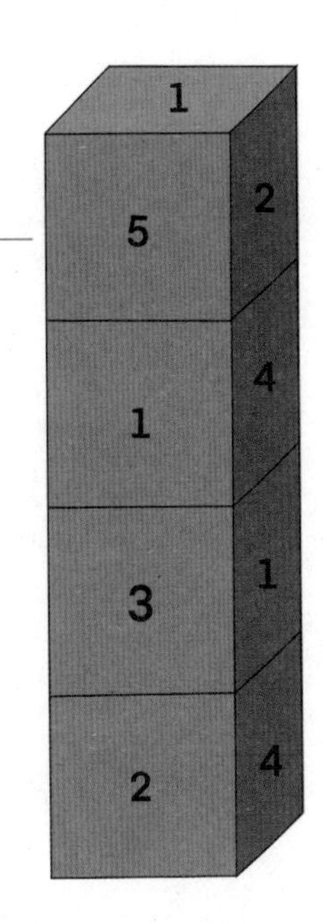

4个完全一样的骰子的6个面上分别写着1、2、3、4、5、6。它们叠放在一起排成一个长方体，如下图所示。

请问，1的对面是哪个数字？3的对面是哪个数字？5的对面是哪个数字？

14. 正六边形

如下图所示，平行四边形内有两个大小一样的正六边形。那么，阴影部分的面积占平行四边形面积的几分之几？

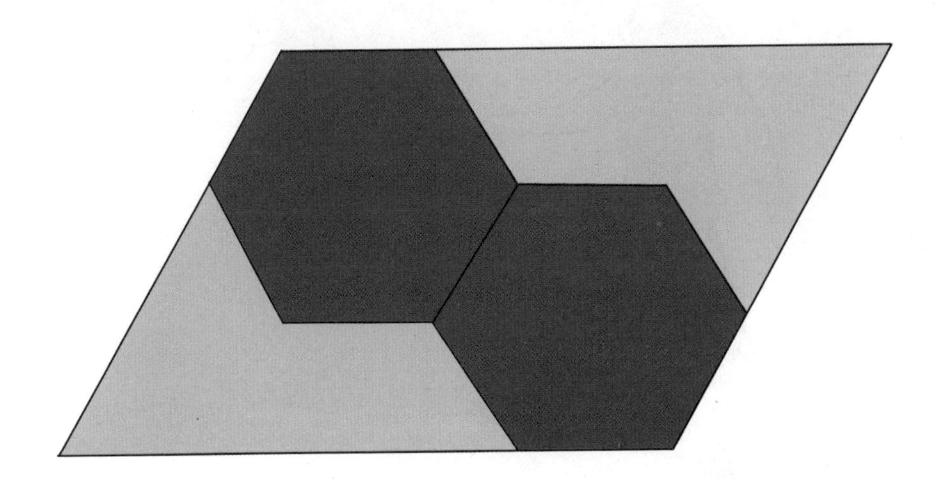

每人的身上都有几把“尺子”

小朋友，你知道吗？我们每个人身上都携带着几把尺子呢，也可以说是简便的“度量衡”。

手拃也是一把尺子。假如你的“一拃”的长度为 8 厘米，量一下你课桌的长为几拃，就可以知道课桌的长是多少厘米。

步长也是一把尺子。如果你的每步长 60 厘米，你上学时，数一数你走了多少步，就能算出从你家到学校有多远。

身高也是一把尺子。如果你的身高是 150 厘米，那么你抱住一棵大树，两手正好合拢，这棵树的一周长度大约是 150 厘米。因为每个人两臂平伸，两手指尖之间的长度和身高大约是一样的。

影子可以帮你测高度。要是你想量树的高，影子也可以帮助你。你只要量一量树的影子和自己的影子长度就可以了。因为树的高度＝树影长 × 身高 ÷ 人影长。这是为什么呢？等你学会比例以后就明白了。

声音可以帮你测距离。你若去游玩，要想知道前面的山距你有多远，可以请声音帮你量一量。声音每秒约传播 340 米，那么你对着山喊一声，再看几秒可听到回声，用 340 乘以听到回声的时间，再除以 2 就能算出来了。

学会用你身上的这几把“尺子”，对你计算一些日常问题是有帮助的。

第五章 活学活用时间数

时间如流水，稍纵即逝。我们想留住时间的脚步，却只能看见时间的影子。时间从诞生的那一刻开始，从来没有人能够追逐它的脚步。古往今来，珍惜时间的人，往往硕果累累；浪费时间的人，往往一事无成，后悔莫及。

珍惜时间是每个少年儿童应该养成的习惯。本章通过时间的游戏，让你了解世界时区的划分以及时间的有关知识，并懂得珍惜时间。

1. 重合的钟表指针

在一天的24小时之中，时钟的时针、分针和秒针完全重合在一起的时候有几次？都分别是什么时间？你是怎样知道的？

2. 烧香定时

有两根不均匀分布的香，香烧完的时间是1小时。

你能用什么方法来确定一段15分钟的时间呢？

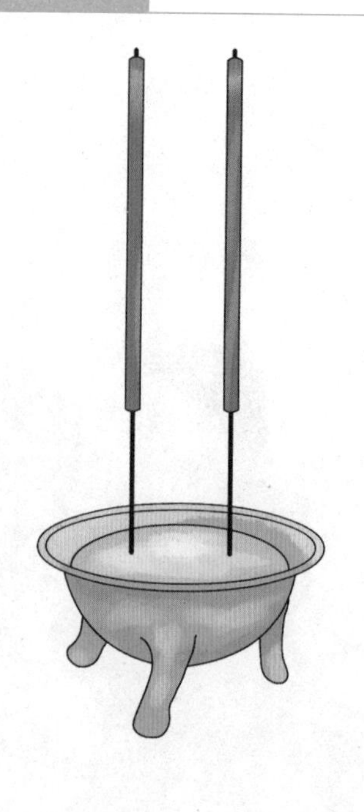

3. 丢番图的墓志铭

古希腊人丢番图的墓志铭与众不同，不是记叙文，而是一道数学题。他的墓志铭是这样写的：

过路人！这里埋着丢番图的骨灰。

他的寿命有多长，下面这些数目可以告诉你。

他生命的 1/6 是幸福的童年。

又活了寿命的 1/12，细细的胡须长上了脸。

丢番图结了婚，还没有孩子，这样又过去一生的 1/7。

再过 5 年，儿子降临人世，他幸福无比。可是这孩子生命短暂，只有父亲的一半。

儿子死后，老人在悲痛中度过 4 年，终于了却尘缘。

请你算一算，丢番图活到多少岁。

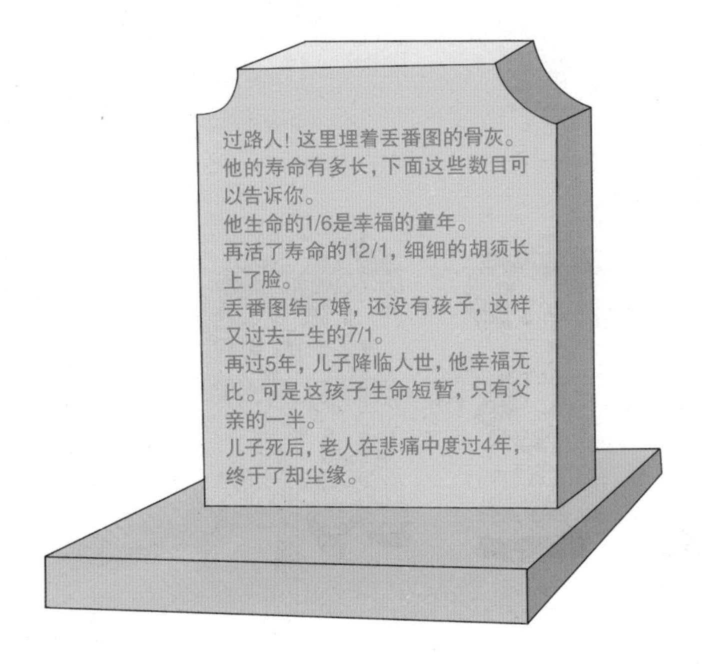

4. 煎饼的时间

用一只平底锅煎饼，每次只能放 2 块饼。煎熟 1 块饼需要 2 分钟（正反两面各需要 1 分钟）。

煎 3 块饼至少需要几分钟？怎样煎？如果需要煎 n 块饼，至少需要几分钟？

5. 四人的年龄

有甲、乙、丙、丁四个人，他们的年龄一个比一个大 2 岁，这四个人年龄的乘积是 48384。

那么，这四个人的年龄各是多少岁？

6. 对表

这是发生在20世纪50年代的事。

老工人张师傅家新买了一台大挂钟，上完弦挂钟就走了起来。但家里一块手表也没有，也没有收音机，无法把表上的时间调准，只好到离家不远的李师傅家对表。因为挂钟太大，拿起来不方便，张师傅空手到李师傅家坐了一会儿，回来就把表调准了。

小朋友，你知道张师傅是怎样做的吗？

7. 两只钟表

甲、乙两时钟都不准确，甲钟每走24小时，恰好快1分钟；乙钟每走24小时，恰好慢1分钟。

甲

乙

假定今天下午3点钟的时候，将甲、乙两钟都调好，使之指在准确的时间上。若任其不停地走下去，那么，下一次这两只钟都同样指在3点时，要隔多少天？

8. 新龟兔赛跑

龟兔赛跑，全程5.2千米，兔子每小时跑20千米，乌龟每小时跑3千米，乌龟不停地跑，但兔子却边跑边玩，它先跑1分钟然后玩20分钟，又跑2分钟然后玩20分钟，再跑3分钟然后玩20分钟……

问：先到达终点的比后到达终点的快多少分钟？

9. 玩具火车

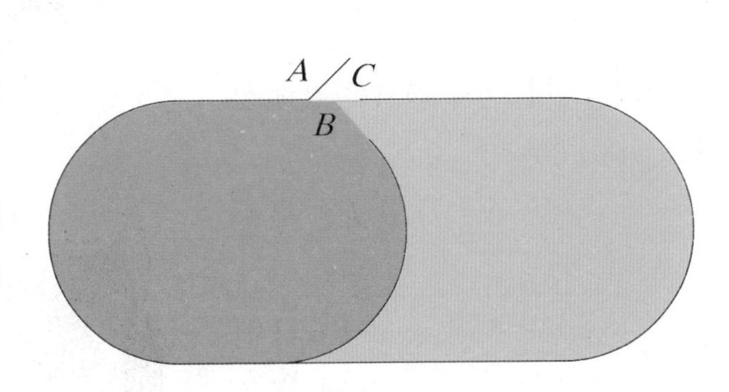

下图是一个玩具火车轨道，A 点有个变轨开关，可以连接 B 或者 C。小圈轨道的周长是 1.5 米，大圈轨道的周长是 3 米。

开始时，A 连接 C，火车从 A 点出发，按照顺时针方向在轨道上移动，同时变轨开关每隔 1 分钟变换一次轨道连接。

若火车的速度是每分钟 10 米，则火车第 10 次回到 A 点时用了几分钟？

10. 莫斯科时间

北京时间比莫斯科时间早 5 个小时，如当北京时间是 9:00 时，莫斯科时间是当日的 4:00。

有一天，小张乘飞机从北京飞往莫斯科，飞机于北京时间 15:00 起飞，共飞行了 8 个小时，则飞机到达目的地时，莫斯科时间（按 24 时计时法）是几时？

11. 校长出差

2011年，某校长外出考察。这一次，校长考察的日期数加起来恰好是60。

问：校长出差了几天？是哪几天？

注意：日期数指a月b日中的b，如4月16日的日期数是16。

12. 肥皂泡

小华每分钟吹一次肥皂泡，每次恰好吹100个。肥皂泡吹出后，经过1分钟有1/2的肥皂泡破了，经过2分钟还有1/20的肥皂泡没有破，经过2分半钟肥皂泡全破了。

小华在第20次吹出100个新的肥皂泡的时候，没有破的肥皂泡有多少个？

13. 泉水池

一个泉水池，每分钟涌出的泉水量不变。如果用 8 台抽水机工作，10 小时能把水抽干；如果用 12 台抽水机工作，6 小时能把水抽干。那么，如果用 14 台抽水机把水抽干，需要工作多少小时？

14. 四人用水

甲、乙、丙、丁 4 个人同时到一个小水龙头处用水，甲洗拖布需要 3 分钟，乙洗抹布需要 2 分钟，丙用桶接水需要 1 分钟，丁洗衣服需要 10 分钟。

怎样安排 4 个人的用水顺序，才能使他们所花的总时间最少？他们花费的总时间是多少？

15. 奇怪的钟表

小明异想天开地设计了一个时间进率为100的怪钟。这只怪钟每昼夜10小时，每小时100分钟，当这只怪钟显示5点整时，实际上是中午12点。

当实际时间是下午3时36分时，这只怪钟显示的是什么时间？

16. 工程问题

一项工程，第一天甲做，第二天乙做，第三天甲做，第四天乙做，这样交替轮流做，那么恰好用整数天完工。

如果第一天乙做，第二天甲做，第三天乙做，第四天甲做，这样交替轮流做，那么完工时间要比前一种方案多半天。

已知乙单独做这项工程需17天完成，那么甲单独做这项工程要多少天完成？

17. 做作业

小明做作业的时间不足1小时，他发现结束时手表上时针、分针的位置正好与开始时时针、分针的位置交换了一下。

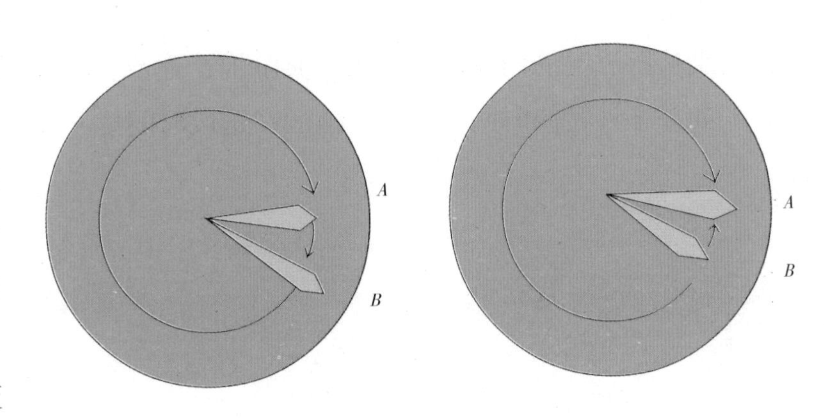

小明做作业用了多长时间？

18. 夹角 110°

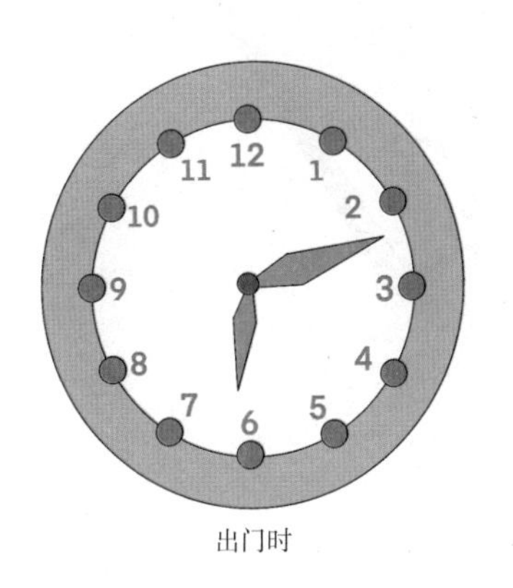

出门时

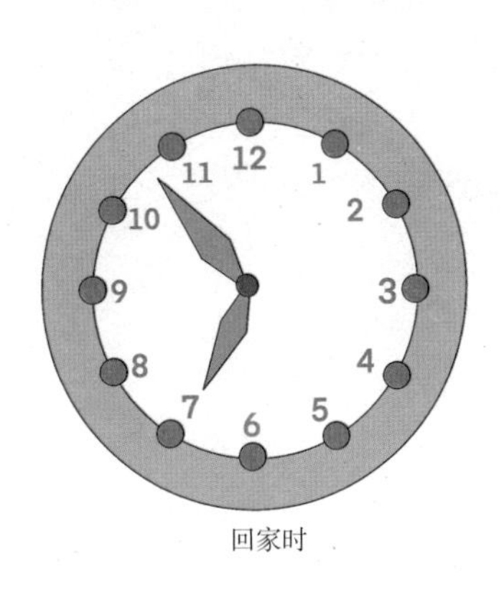

回家时

某人下午6时多外出买东西，出门时看手表，发现表的时针和分针的夹角为110°；7时前回家时又看手表，发现时针和分针的夹角仍是110°。

那么，此人外出多少分钟？

19. 相遇多少次

两名运动员在长为 50 米的游泳池里来回游泳。

甲运动员的速度是 1 米 / 秒，乙运动员的速度是 0.5 米 / 秒，他们同时分别从游泳池的两端出发，来回共游了 5 分钟。

如果不计转向时间，那么，他们在这段时间里共相遇了几次？

一天有24次新年

你相信吗？一天有24次新年！

生活在同一个地球上的世界各地的人，不是同时进入新年的。

当北京时间0时新年钟声敲响时，美国华盛顿才是12月31日上午11时，英国伦敦是31日下午4时，而日本东京已是1月1日凌晨1时，那里的人们已经迎接过新年了。

这是为什么呢？因为地球绕着太阳公转，同时又从西向东自转，地球上各地日出日落的时间不一样。所以，全世界不能统一用一个时间。

你可能马上会联想到，我们电台每次报时，都要用“北京时间”这4个字，就是这个缘故。

1884年，各国科学家商定，把全世界按经线划分为24个时区，每个时区用同一个时间，两个挨着的时区，时间相差1个小时，这样各地进入新年的时间就不同了。

如果你在世界上第一个响起新年钟声的时区迎接了新年后，乘飞机以每小时1700千米的速度向西飞行，就能在下一时区再迎接一次新年。这样不断向西飞行，就可以在一天内过24次新年了。

1分钟爱上数学

第六章 数字生活百事通

数学源于生活，服务于生活。我们的生活离不开数学，数学可以让许多复杂的东西变得简单。让芜杂的东西变得有头绪。万物都是数，生活在万物的世界，其实就是生活在数的世界，只有我们明晓数的原理，才能明白万物的原理，才能明白世界的原理。

通晓数学，就是通晓万物，就是通晓世界。本章通过数字生活游戏，让你懂得数学和生活是分不开的，让你明白数学的用途，学会用数学方法解答生活中的问题。

1. 智取苹果

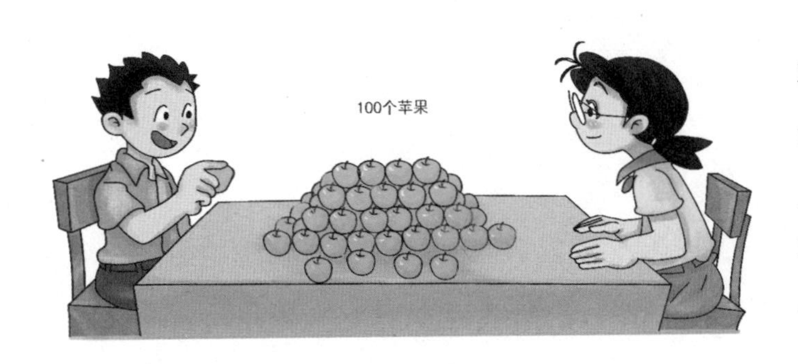

桌子上有100个苹果，由两个人轮流拿苹果装入其他筐子里，能拿到第100个苹果的人为胜利者。但是每次拿苹果者至少要拿1个，最多不能超过5个。

如果你是最先拿苹果的人，你该拿几个？以后怎么拿才能保证你得到第100个苹果？

2. 乒乓球比赛

一次乒乓球比赛，共有512名乒乓球运动员参加比赛。比赛采用淘汰制，两个人赛一场，失败者被淘汰，将不再参加比赛；获胜者进入下一轮比赛，如此进行下去，直到决出第一名为止。

算一算，这次乒乓球比赛一共需要进行多少场？

3. 忙碌的鸽子

哥哥早晨步行去郊游。刚走 1 个小时，弟弟从电视中得知中午有雨，立即骑车给哥哥送伞。出门时，哥俩养的一只小鸽子同时飞出来。它飞到哥哥的头顶又立即掉头向弟弟飞去，到弟弟头顶又掉头向哥哥飞去，直到弟弟撵上哥哥。

已知哥哥步行的速度是每小时 4 千米，弟弟骑车的速度是每小时 20 千米，鸽子的速度是每小时 100 千米，若鸽子掉头的时间不计，当弟弟撵上哥哥时，鸽子一共飞了多少千米?

4. 筐子里的鸡蛋

一位老太太挎了一筐鸡蛋到市场去卖，路上被一位骑车的人撞倒，鸡蛋全部打破了。

骑车人搀起老太太说："您带了多少鸡蛋？我赔您。"

老太太说："总数我也不知道，当初我从鸡窝里捡鸡蛋时是 5 个 5 个捡的，最后又多捡了 1 个；昨天我老头子查了一遍，他是 4 个 4 个数的，最后也是多 1 个；今早我又数了一遍，是 3 个 3 个数的，也是多 1 个。"

骑车人在心里算了一下，按市场价赔了鸡蛋钱。

你知道老太太一共带了多少个鸡蛋吗？

5. 牛吃草

有一牧场，牧场上的草是不断生长的。已知养牛27头，6天把草吃尽；养牛23头，9天把草吃尽。

如果养牛21头，那么几天能把牧场上的草吃尽呢？

6. 河边洗碗

有一名妇女在河边洗刷一大摞碗。一个过路人问她："怎么刷这么多碗？"

她回答："家里来客人了。"

过路人又问："家里来了多少客人？"

妇女笑着答道："2个人给一碗饭，3个人给一碗鸡蛋羹，4个人给一碗肉，一共要用65只碗，你算算我们家来了多少客人。"

小朋友，你知道妇女家来了多少客人吗？

7. 猴子背香蕉

有只猴子在树林里采了100根香蕉堆成一堆，猴子家离香蕉堆50米，猴子打算把香蕉背回家，每次最多能背50根。可是猴子嘴馋，每走1米要吃1根香蕉，那么猴子最多能背回家多少根香蕉？

8. 三人捉鱼

小明、小芳、小立一起去捉鱼。每人捉的鱼的条数一样多，重量也一样。回家时，他们的车上一共有15条鱼。这堆鱼有1条5千克的大鱼，5条4千克的鱼，4条3千克的鱼，3条2千克的鱼，2条1千克

的鱼，一共是45千克。

谁也记不清那条大鱼是谁捉到的了。小芳只记得她有一网捉到2条1千克的鱼。那条5千克的大鱼是谁捉到的呢？

9. 猪娃娃

少年宫手工组的小朋友们做工艺品“猪娃娃”。每个人先各做一个纸“猪娃娃”，接着每 2 个人合做一个泥“猪娃娃”，然后每 3 个人合做一个布“猪娃娃”，最后每 4 个人合做一个电动“猪娃娃”。这样下来，一共做了 100 个“猪娃娃”。

请问，手工组共有多少个小朋友？

10. 微生物

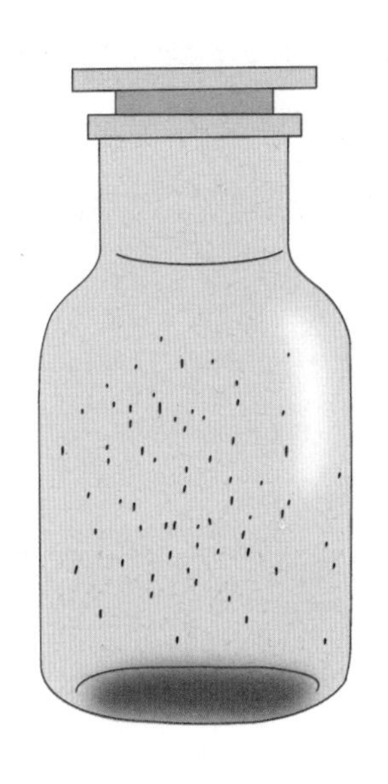

有一个培养某种微生物的容器，它的特点是：往里面放入微生物，再把容器封住，每过一个夜晚，容器里的微生物就会增加一倍，但是若在白天揭开盖子，容器内的微生物正好减少 16 个。

小丽在实验的当天往容器里放入一些微生物，心急的她在第 2~4 天都开盖子看了看，到了第 5 天，当她又打开盖子查看时，惊讶地发现微生物都没了。

请问，小丽开始往容器里放了多少个微生物？

11. 橘子丰收

橘子大丰收，一个橘子商人购买了59吨橘子，需要用两种车运回销售。大货车的载重量是7吨，小货车的载重量是4吨。大货车运一趟耗油14升，小货车运一趟耗油9升。

那么，运完这批货最少需要耗油多少升？

12. 楼道的灯

一个楼道上有10盏灯，它们由起点处的10个开关控制，开关编号为1、2、3……10，都是关闭的。管理员第一次把所有开关都打开；第二次把有偶数号的开关关掉；第三次把所有编号是3的倍数的开关都变动一次（即把关闭的开关打开，把打开的开关关闭）；第四次把所有编号是4的倍数的开关都变动一次，如此继续到第九次。

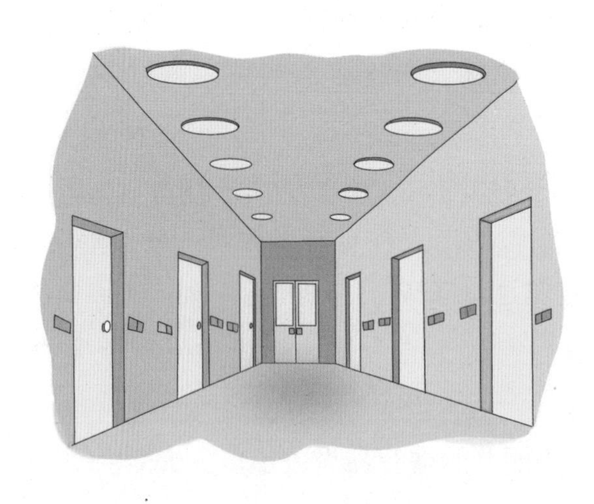

这时，楼道上打开的灯有多少盏？

13. 沙漠加油

科学考察队的一辆货车需要穿越一片全程超过600千米的沙漠，但这辆车每次装满汽油最多只能行驶600千米。队长想出一个方法，在沙漠中设一个储油点A，货车装满油从起点S出发，到储油点A时从车中取出部分油放进A储油点，然后返回出发点，加满油后再开往A，到A储油点时取出储存的油放在车上，再从A储油点到达终点E。

用队长想出的方法，货车不用其他车帮助就完成了任务，那么，这辆货车穿越这片沙漠的最大行程是多少千米？

14. 口袋里的小纸片

口袋里装有101张小纸片，上面分别写着1 ~ 101。每次从袋中任意摸出5张小纸片，然后算出这5张小纸片上各数的和，再将这个和的后两位数写在一张新纸片上并放入袋中。

经过若干次这样做后，袋中还剩下一张纸片，这张纸片上的数是几？

15. 下棋

甲、乙、丙、丁与小强5位同学一起比赛下象棋，每两人都要比赛一盘。到现在为止，甲赛了4盘，乙赛了3盘，丙赛了2盘，丁赛了1盘。

小朋友，你知道小强已经赛了几盘吗？他分别与谁赛过？

16. 多少棵树

水池周围栽了一些树，小明和小红绕水池散步，一前一后朝同一方向，边走边数树的棵数。小明数的第 20 棵在小红那儿是第 7 棵，小明数的第 7 棵在小红那儿是第 94 棵。水池周围栽了多少棵树？

完美数字“3”

从古到今，中国人都很重视“3”的哲学价值。在日常交往中经常以“3”论人，如“三皇”“三苏”；以“3”论文，如“三部曲”“三言”；以“3”论花木，如园林“三宝”——树中银杏、花中牡丹、草中兰；以“3”论学习，如宋代哲学家朱熹认为读书要“三到”：心到、眼到、口到。

外国人也极其重视“3”。早在公元前5世纪，古希腊哲学家毕达哥拉斯就把“3”称为完美的数字，因为它体现了“开始、中期和终结”。古代的西方人认为，世界由三者合成——大地、海洋、天空；自然界有三项内容——动物、植物、矿物；人的身体具有三重性——肉体、心灵、精神；人类需要三种知识——理论、实用、鉴别；智慧包括三个方面——思虑周密、语言得当、行为公正。这些认识现在看来未必准确，但也体现了“3”在人们心中的地位。

到了近代和现代，人们的许多说法仍然离不开“3”。著名的物理学家爱因斯坦总结的成功经验也是三条：艰苦的工作、正确的方法和少说空话。

可见，“3”已经渗透到人们的文化观念中了。

第七章 理财能手分身术

现代人离不开理财知识，理财和数学之间的联系又是比较密切的。

本章通过理财游戏，让你了解理财知识，增强理财意识。将来你长大了，可以通过科学理财，让你的财富不断积累。现在就开始做游戏一试身手吧。

1. 父子买兔

一个小朋友想买一只小动物饲养，于是他和父亲上街买，父亲花 8 元钱买了一只兔子，儿子不愿意，于是 9 元钱卖掉了。后来儿子又愿意养兔子了，花 10 元钱又买回来了，听别人说兔子喂起来很麻烦，11 元钱卖给了另外一个人。问：他赚了多少？

2. 共有多少财产

大数学家欧拉的数学名著《代数基础》中有这样一个问题：

有一位父亲，临终时嘱咐他的儿子这样来分他的财产：第一个儿子分得 100 克朗和剩下财产的 1/10；第二个儿子分得 200 克朗和剩下财产的 1/10；第三个儿子分得 300 克朗和剩下财产的 1/10；第四个儿子分得 400 克朗和剩下财产的 1/10……按这种方法一直分下去，最后，每一个儿子所得的财产一样多。

小朋友，算一算，这位父亲共有几个儿子？每个儿子分得多少财产？这位父亲共留下了多少财产？

3. 分财产

从前，有个很有钱的人家。正当全家为新的小生命即将降临而欢喜之际，丈夫突然得了不治之症。

他临终前留下遗嘱：如果生的是男孩，妻子和儿子各分家产的一半；如果是女孩，女孩分得家产的 1/3，其余归妻子。

丈夫死后不久，妻子就临产了。出乎意料的是，妻子生下一男一女龙凤胎。这下妻子为难了，这笔财产该怎样分呢？

4. 啤酒和饮料

小张请小李到家里会餐。小张知道小李爱动脑筋，于是就给他出了一道题：“我今天买啤酒和饮料共花了 9.9 元，你猜我买了几瓶啤酒、几瓶饮料？猜对了我自罚一杯酒，猜错了罚你一杯。”

小李只用了几分钟时间就算出来了，小张只好自罚一杯。

已知啤酒每瓶 1.7 元，饮料每瓶 0.7 元，你能算出小张买了几瓶啤酒、几瓶饮料吗？

5. 分牛

从前有个农民，一生养了不少牛。他去世前留下遗嘱：牛的总数的一半加半头给儿子，剩下牛的一半加半头给妻子，再剩下的一半加半头给女儿，最后剩下的一半加半头宰杀犒劳帮忙的乡亲。

遗嘱
牛的总数的一半加半头给儿子，剩下牛的一半加半头给妻子，再剩下的一半加半头给女儿，最后剩下的一半加半头宰杀犒劳帮忙的乡亲。

这个农民去世后，他们按遗嘱分完后恰好一头不剩。他们各分了多少头牛？

6. 一张假币

一天傍晚，一家鞋店来了一位顾客，拿出 10 元钱买一双布鞋。该鞋 7 元一双，需要找给顾客 3 元。因为没有零钱，鞋店老板拿着这张 10 元钱到隔壁小店换成零钱，找给顾客 3 元，顾客拿着钱和鞋走了。

第二天，隔壁小店来人说昨天的钱是假的，老板只好拿出 10 元钱，叹口气说：“这次的损失太大了。”

请你帮这个老板算一算，她一共损失了多少钱？

7. 合伙买票

剧院组织中秋晚会，门票的票价如下：50 人以下，每张 12 元；51~100 人，每张 10 元；100 人以上，每张 8 元。

王叔叔和李叔叔都想让自己公司的员工去观看演出，如果分开购票，他们共需付门票费 1142 元；如果合在一起作为一个单位去购票，总共需付门票费 864 元。王叔叔公司的员工比李叔叔的要多。

你知道王叔叔和李叔叔的公司各有多少人去看演出吗？

8. 合租轿车

商城大厦为庆祝“五一”劳动节，很多商品打折销售，田、刘、舒三位女士打车去商城购物。在车行驶了全程的1/3时，田女士因有事下了车。车行驶到全程的2/3时，舒女士发现忘记带手机了，下车回去拿手机。只有刘女士在终点站（商城）下车，的士的车费为18元。

如果三位女士约定各出自己的车费，那三位各应分摊多少元车费？

9. 李白买酒

我国唐代的天文学家、数学家张遂曾以“李白喝酒”为题材编了一道算术题：“李白街上走，提壶去买酒。遇店加一倍，见花喝一斗（斗是古代酒具，也可作计量单位）。三遇店和花，喝光壶中酒，原有多少酒？”

小朋友，你能算出李白原有多少酒吗？

10. 旅游花费

甲、乙、丙3个小朋友一起去春游，甲负责买门票，乙负责买食品，丙负责买饮料。结果乙付的钱是甲的4/5，丙付的钱是乙的3/8。根据事先的约定，3个人所花的钱应当一样多，于是丙又拿出24元钱给甲和乙。

乙应该得多少钱？

11. 放硬币

甲、乙两人轮流往一个圆桌面上放同样大小的硬币。规则是：每人每次只能放一枚，硬币不许重叠，谁放完最后一枚硬币而使对方再也无处可放，谁就获胜。

如果甲先放，那么怎样放才能取胜？

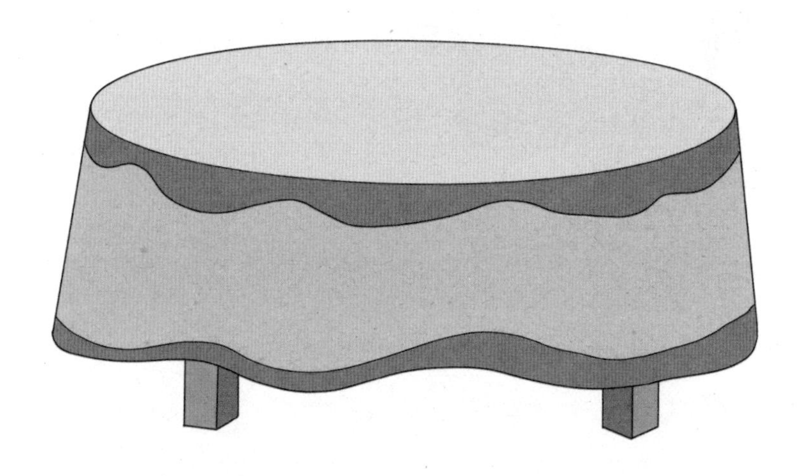

12. 买铅笔

小明有 10 个 1 分硬币，5 个 2 分硬币，2 个 5 分硬币。他要拿出 1 角钱买 1 支铅笔，可以有几种拿法？你能用算式表达出来吗？

13. 零花钱

祖父给兄弟二人同样数目的零花钱，祖母给了哥哥1100元，给了弟弟550元，这样兄弟二人所得到的零花钱数的比为7：5。

祖父给兄弟二人的钱数是多少元？

14. 卖辣椒

红辣椒每500克卖3角钱，青辣椒每500克卖2角1分钱。现将红辣椒与青辣椒混合，每500克卖2角5分钱。

按怎样的比例混合，菜店和顾客都不会吃亏？

15. 卖墨水

某商店上月购进的蓝墨水瓶数是黑墨水瓶数的 3 倍，每天平均卖出黑墨水 45 瓶，蓝墨水 120 瓶。过了一段时间，黑墨水卖完了，蓝墨水还剩 300 瓶。

这个商店上月购进蓝墨水和黑墨水各多少瓶？

16. 分硬币

有 23 枚硬币放在桌上，10 枚正面朝上。假设别人蒙住你的眼睛，而你的手又摸不出硬币的反正面。

让你把这些硬币分成两堆，使两堆硬币中正面朝上的硬币个数相同，你能做到吗？

17. A 国和 B 国

古时候有两个相邻的国家 A 国和 B 国，关系很好，货币可以通用。后来两国的关系发生了变化。A 国国王下令：B 国的 100 元只能购买 A 国 80 元的货物。B 国的国王也下令：A 国的 100 元只能购买 B 国 80 元的货物。结果，有个聪明的人利用这个机会发了一笔大财。这个人是怎样做的呢？

数学家买瓜

盛夏，瓜农摆摊卖西瓜。

这个瓜农卖西瓜有些“古怪”——不称重，分大瓜小瓜卖，大瓜3元一个，小瓜1元一个。看到大瓜、小瓜尺寸差别不是很大，很多人都拼命往小瓜那边挤。

数学家和太太两个人，一边挑瓜一边算价钱。

数学家说：“咱们买那个大的。”

“大的贵3倍呢……”太太有点儿犹豫。

“大的比小的值。”数学家说。

太太挑了两个大瓜，交了钱，看看别人都在抢小瓜，似乎又有些犹豫。

数学家看着她笑了笑说：“你吃瓜吃的是什么？吃的是容积，不是面积。那小瓜的半径是大瓜的2/3稍小，容积可是按立方算的。小的容积不到大的30%，当然买大的赚。”

太太点点头，又摇摇头：“你算得不对，那大西瓜皮厚，小西瓜还皮薄呢，算容积，恐怕还是买大的吃亏。”

却见丈夫胸有成竹，点点头道：“嘿嘿，你别忘了那小西瓜的瓜皮却是3个瓜的，大西瓜只有1个，哪个皮多你再算算表面积。”

太太说：“头疼，我不算了。”

两个人抱了西瓜回家，留下瓜农看得目瞪口呆。

第八章　自然密码大揭秘

自然造化的神奇创造了我们的世界，也留给人们许许多多的奥秘。要想破解这些奥秘一定离不开数学。数学是我们认识大自然的重要工具，也可以说是破解自然密码的钥匙。

小朋友学好数学，就能解开更多的自然密码。本章通过自然密码游戏，让小朋友更好地了解自然，并且利用自然造福人类。

1. 浮屠增级

在明朝程大位《算法统宗》中，有这样一首歌谣，叫作《浮屠增级歌》：

远看巍巍塔七层，

红光点点倍加增。

共灯三百八十一，

请问尖头几盏灯？

这首古诗描述的这个宝塔，古称“浮屠”。

本题说远处有一座雄伟的七层佛塔，塔上挂了许多红灯，下一层灯数是上一层灯数的2倍，全塔共有381盏灯，请问顶层有几盏灯？

小朋友，你知道答案吗？

2. 石子问题

地上有四堆石子，石子数分别是1、9、15、31。如果每次从其中的三堆同时各取出1个，然后都放入第四堆中。那么，能否经过若干次操作，使得这四堆石子的个数都相同？

（注意：如果能，请说明具体操作；如果不能，则要说明理由。）

3. 小松鼠采松子

小松鼠采松子，晴天可以采 30 个，雨天可以采 20 个。它一连几天共采了 240 个松子，平均每天采 24 个。你知道这几天中有几个晴天吗？

4. 扑克牌

有一摞扑克牌共 60 张，都是按红桃 2 张、梅花 1 张、方片 3 张的次序摞起来的。

你知道在这一摞扑克牌中，有红桃、梅花、方片各多少张吗？

5. 铁路桥的长度

抗日战争时期，有一次，我军要侦察一座敌军铁路桥的长度。敌人防守很严密，拔掉了路旁的里程碑，火车过桥时不许开窗，也不许张望。侦察英雄老陈化了装，上了火车。当车子过桥时，老陈随着铁轨的“轰隆”声，半闭着眼睛养起神来。

奇怪的是，他下车后就知道了铁路桥的长度。

小朋友，你知道这是怎么回事吗？

6. 爱因斯坦的台阶

前面有一条长长的阶梯。如果你每步跨2个台阶，那么最后剩下1个台阶；如果你每步跨3个台阶，那么最后剩下2个台阶；如果你每步跨5个台阶，那么最后剩下4个台阶；如果你每步跨6个台阶，那么最后剩下5个台阶；只有当你每步跨7个台阶时，最后才正好走完，一阶也不剩。

算一算，这条阶梯到底有多少个台阶？

7. 自动扶梯

自动扶梯正以均匀速度由下往上行驶着，两位性急的孩子要从扶梯上楼。已知男孩每分钟走20级台阶，女孩每分钟走15级台阶，结果男孩用了5分钟到达楼上，女孩用了6分钟到达楼上。

你知道该扶梯共有多少级台阶吗？

你知道冬季动物为何蜷缩着身体吗

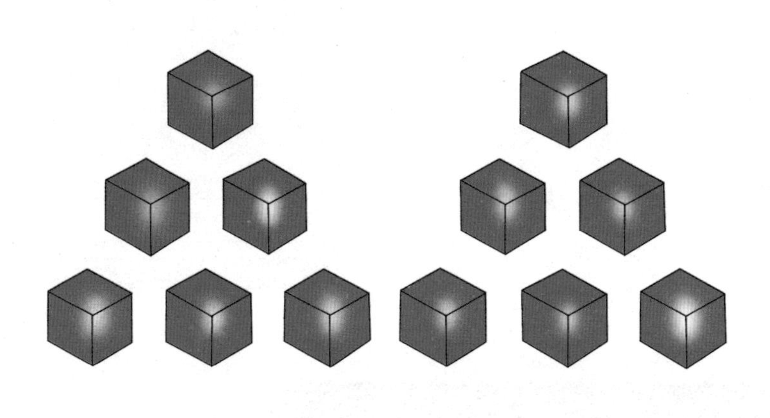

冬令时节，天寒地冻，小猫、小狗在睡觉时，不是趴着身子，而是喜欢蜷缩着。那么，你是否想过这是为什么呢？它与数学有联系吗？

我们先来思考一道数学题：用 12 块棱长为 1 厘米的正方体小木块搭成不同的长方体，共有几种不同的搭法？

通过动手搭拼、试验，得到 4 种不同的搭法。利用学过的知识，可以知道这 4 个长方体的体积都相等，而它们的表面积分别为：50 平方厘米、40 平方厘米、38 平方厘米、32 平方厘米。

这道题表明这样一个数学规律：在体积相等的情况下，小正方体之间的重合部分越多，其表面积就越小。

根据这个数学规律，我们不难悟出：小猫、小狗在冬天喜欢蜷缩着身子睡觉，正是在体积不变的情况下，增加身子的重合部分。因此，减少暴露在外面的表面积，也就是减少受寒面积，就能减少散发的热量。

第九章 创意思维乐无穷

创意思维就是创造性思维，其意义在于打破常规思维和旧有观念的束缚，以独特、新颖的观念，强调逻辑思维、形象思维、发散思维、逆向思维等多种思维形式的综合运用。创意思维比单纯地学习知识更重要，从幼儿到科学巨人都离不开它。

本章通过创意思维游戏，开拓你的想象空间，让你展开思维的翅膀，进入一个更高的境界。

1. 黑熊掰玉米

一只黑熊喜欢吃玉米。在离黑熊住处不远的地里有10棵玉米，这10棵玉米上都有一个成熟的玉米果实，大小不一。大黑熊正准备掰玉米，突然后面有猎人追击，黑熊从第一棵玉米到最后一棵玉米，都有一次机会掰下来玉米果实。

请问，黑熊怎样才能拿到最大的玉米果实？

2. 农民过河

一个农民背着一袋米，牵着一只狗，抱着一只大公鸡，来到一条河边。河里有一只小船，农民一次只能带一样东西过河。农民不在时，狗会吃鸡，鸡也会吃米，但狗是不吃米的。

想一想，农民怎样才能把它们安全地带过河呢?

3. 花仙子

从前，有一位青年在上山采药时，从狼爪下救出一位漂亮的姑娘。青年把姑娘领到家里，给她敷了药。天色渐晚，姑娘正准备回去，突然下起了大雨，直到天快亮时雨才停。雨停后，姑娘离开了青年。姑娘临走时给青年留下地址，让他去找她父亲求婚。

青年吃完早饭就来到姑娘家并说明来意，姑娘的父亲领他到院里，指着7朵花儿对他说："我有7个女儿，她们都在这里，你如果能找到，就把她娶回去。"

青年仔细看了看，毫不犹豫地选择了其中的一朵，昨天那位姑娘立刻出现在他面前。

这7朵花长得一模一样，他是怎样看出来的呢?

4. 谁打碎了玻璃

A、B、C、D 4 个孩子在院子里踢足球，把一户人家的玻璃打碎了。房主人问他们是谁踢的球把玻璃打碎的，他们谁也不承认是自己打碎的。

房主人问 A，A 说："是 C 打碎的。"

C 则说："A 说的不符合事实。"

房主人又问 B，B 说："不是我打碎的。"

再问 D，D 说："是 A 打碎的。"

已经知道这 4 个孩子当中有 1 个很老实，不会说假话；其余 3 个都不老实，说的都是假话。

这个说真话的孩子是谁？打碎玻璃的又是谁？

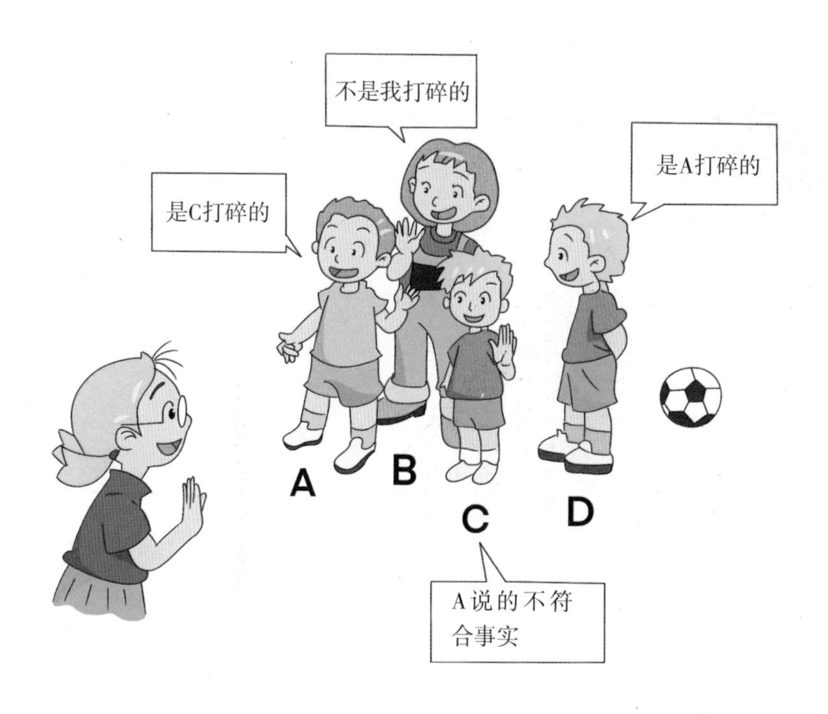

5. 金字塔的高度

金字塔是埃及的著名建筑。古时，有位国王想测量金字塔的高度，于是在全国贴出告示：谁能测出金字塔的高度将重赏。

一天，天气晴朗，塔利斯带了一根棍子来到金字塔下，国王冷笑着说："你想用这根破棍子来骗我吗？你今天要是测不出来，那就将你扔进尼罗河！"

塔利斯不慌不忙地回答："陛下先让我测，如果我测不出来，再把我扔进尼罗河也为时不晚。"

接着，塔利斯便开始测量起来。最后，塔利斯测出了金字塔的高度，连国王也不得不服他。

请问，塔利斯是如何测量金字塔高度的？

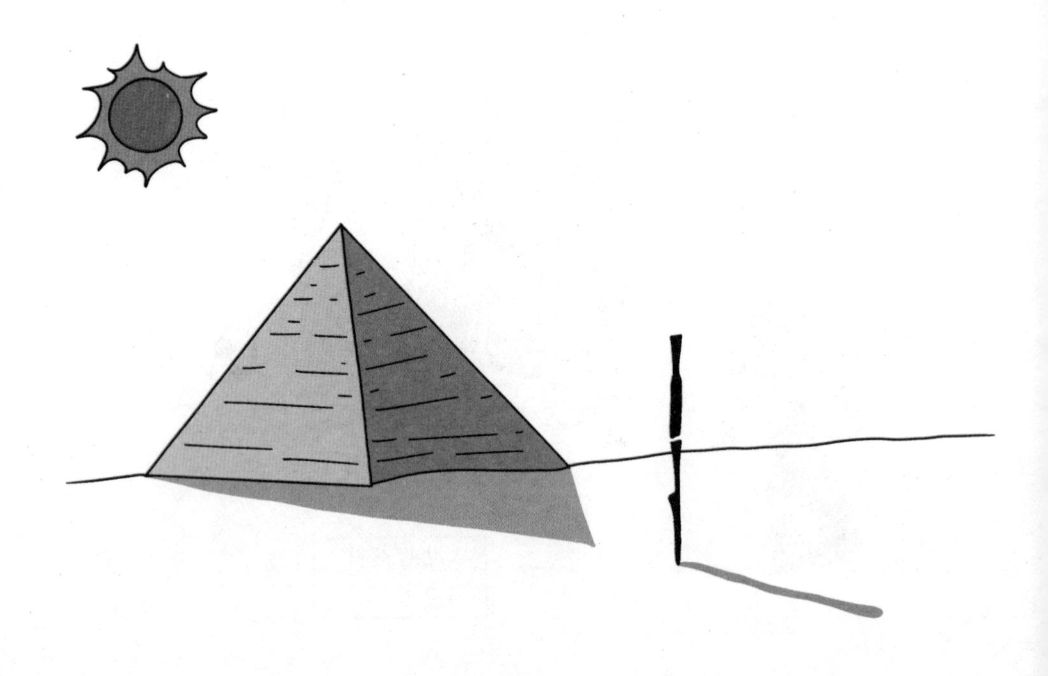

6. 偶数难题

在很久以前，一个年迈的国王要为自己的独生公主选女婿，一时应者如云。于是，国王想出了比武招亲的办法。经过文试武试，3个英俊的小伙子成为最后的人选。要从这3个难分高下的小伙子中选出一个女婿，可真难为国王。国王绞尽脑汁想出了一个方法，他命人拿出一个4×4的方格，将16枚棋子依次放在16个方格中。

国王对3个小伙子说："现在你们从这16枚棋子中随便拿去6个，但要保证纵、横行列中留下的都是偶数枚棋子。"

这3个小伙子犯难了。最后，其中一个小伙子终于解开了这道难题，迎娶了公主。

请问：这个小伙子是怎样解开这道难题的？

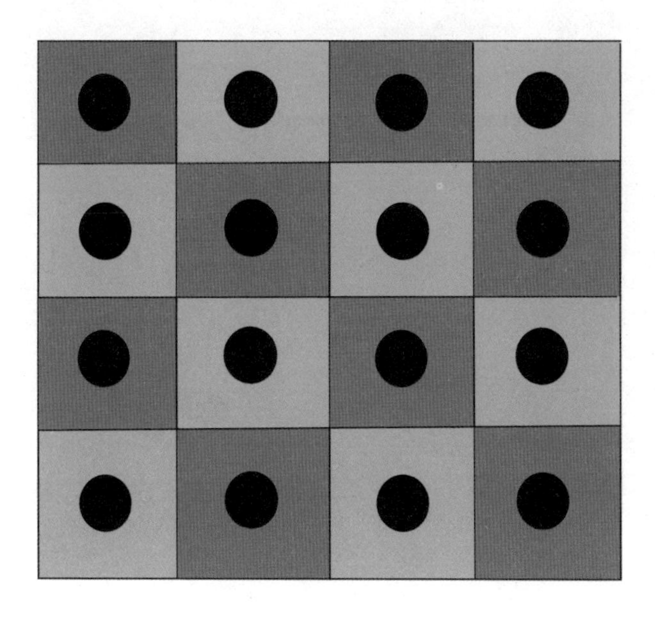

7. 电梯与小球

电梯在一座10层的楼房内上下运行。到二楼时，如果有人上或下，管理员就在盒内放入1个小球；到三楼时，如果有人上或下，就放2个小球；到四楼时，如果有人上或下，就放3个小球，以此类推，并且这个规律保持不变。如果无人上或下，则不放小球。

一次，电梯从一楼开始运行到达顶层时，有3层楼无人上或下，管理员共放了25个小球。

请问：有哪几层楼无人上或下？

（提示：共有几种情况，一一写出来。）

8. 剩余的棋子

甲盒中放有180个白色围棋子和181个黑色围棋子，乙盒中放有181个白色围棋子。陈宇每次任意从甲盒中摸出两个棋子放在桌子上，如果两个棋子同色，他就从乙盒中拿出一个白子放入甲盒；如果两个棋子不同色，他就把黑子放回甲盒。

陈宇拿多少次后，甲盒中只剩下一个棋子？这个棋子是什么颜色的？

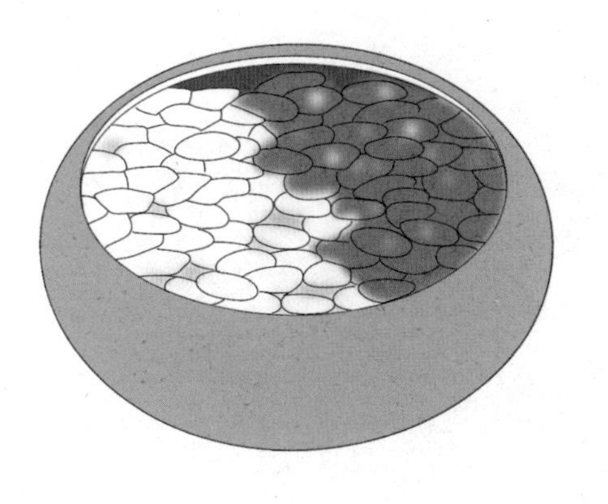

甲

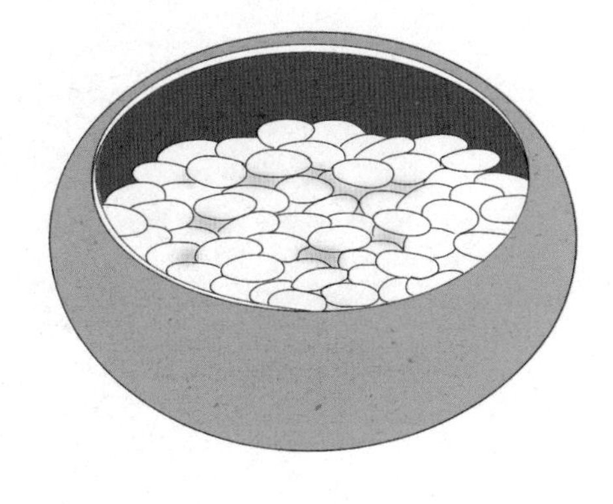

乙

9. 自由或死亡

一位逻辑学家误入某部落，被囚于牢狱，酋长意欲放行，他对逻辑学家说："今有两门，一为自由，一为死亡，你可任意开启一门。现从两个士兵中选择一人解答你所提的任何一个问题，其中一人天性诚实，另一人则说谎成性，生死任你选择。"

逻辑学家沉思片刻，即向一士兵发问，然后开门从容离去。

小朋友，逻辑学家应如何发问呢？

10. 九死一生

古时一位农民被人诬陷，农民据理力争，县官因已经接受别人的贿赂，不肯放人，但又找不到理由，就出了个坏主意。他叫人拿来 10 张纸条，对农民说："这里有 10 张纸条，其中有 9 张写的是'死'，1 张写的是'生'，你摸一张，如果是'生'，立即放你回去；如果是'死'，就怪你命不好，怨不得别人。"

聪明的农民早已猜到纸条上写的都是"死"，无论抓哪一张都一样。于是他想了一个巧妙的办法，结果死里逃生。你知道他想的是什么办法吗？

11. 王子的数学题

传说，从前有一位王子把几位妹妹召集起来，给她们出了一道数学题。内容是：王子有金、银两个首饰箱，箱内分别装着若干件首饰，如果把金箱中25%的首饰送给第一个算对这个题目的人，把银箱中20%的首饰送给第二个算对这个题目的人。然后再从金箱中拿出5件送给第三个算对这个题目的人，再从银箱中拿出4件送给第四个算对这个题目的人，最后金箱中剩下的首饰比分掉的多10件，银箱中剩下的首饰与分掉的比是2:1。

怎样才能算出王子金箱、银箱中原来的首饰的件数？

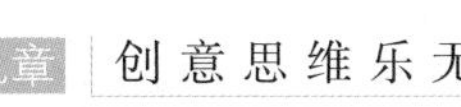

今天星期几

今天星期几？噢，你可能忘了，拿年历表来看一看就知道了。去年的元月 20 日是星期几？拿去年的年历表来查一查也可以知道。那么，公元 1954 年的 2 月 16 日是星期几呢？这个问题可不简单，不容易一下子查到。

下面这个公式可用来对某年某月某日是星期几进行推算，它是根据

历法的原理得出来的：

$$S=x-1+\left[\frac{(x-1)}{4}\right]-\left[\frac{(x-1)}{100}\right]+\left[\frac{(x-1)}{400}\right]+C$$

其中，x表示公元年数，C表示从这年元旦算到这天为止（包括这天）的天数，$\left[\frac{(x-1)}{4}\right]$表示$\frac{(x-1)}{4}$的整数部分，余类同。求出$S$后再用7来除，如果结果恰好为整数，这一天就是星期日；如果余1，则这一天就是星期一，以此类推。

例如，1954年2月16日是星期几？

先计算出S来。

$$S=1954-1+\left[\frac{(1954-1)}{4}\right]-\left[\frac{(1954-1)}{100}\right]+\left[\frac{(1954-1)}{400}\right]+47$$
$$=1953+488-19+4+47=2473$$

$2473\div7$等于353余2，这一天是星期二。

小朋友自己不妨确定几个日子，然后用这个公式算算看，并查查年历，看看自己的计算是否正确。

拓展挑战

1分钟爱上数学

1 斯迪文第一次数学测试的成绩为87分，现在他要参加第二次测试，为了保证这两次的平均成绩不低于90分，他第二次测试至少要考多少分？（考试分数都是整数）

2 斯迪文、珍妮、威特和汉斯四个同学参加一次数学竞赛，比赛最终的成绩统计如下：

	斯迪文	珍妮	威特	汉斯	平均分
得分	85	95	?	91	90

根据表中的统计可以算出，威特的成绩为多少分？

③ 斯迪文和珍妮分别从家和学校出发，相向而行。斯迪文骑车每分钟行进200米，珍妮每分钟走70米，斯迪文先出发20分钟，再经过30分钟与珍妮相遇，那么斯迪文与学校之间的距离是多少米？

④ 斯迪文每分钟走80米，威特骑自行车每分钟行进200米，两人同时同地出发，背向而行3分钟后，威特立即回头以每分钟220米的速度来追斯迪文，再过多少分钟威特可以追上斯迪文？

5 斯迪文、珍妮、威特三位学生分别是数学、语文和英语课代表中的一名。一次期末测验，三人的成绩信息如下：

（1）威特比数学课代表的成绩好；

（2）斯迪文和语文课代表的成绩不相同；

（3）语文课代表比珍妮的成绩差。

根据上面的条件判断，谁是数学课代表?

6 教室里所有人的平均年龄是12岁，如果不算其中一位50岁的老师，其余人的平均年龄是10岁，那么这个教室里一共有多少人?

7 学校周围栽了一圈树，每相邻两棵树相隔15米。甲、乙两人同时从同一棵树出发，同向而行，甲每分钟走65米，乙每分钟走80米。26分钟后乙首次追上甲。学校周围共栽树多少棵?

8 两名运动员在公园里的环形跑道上练长跑，甲每分钟跑250米，乙每分钟跑200米。两人同时同地同向出发，经过45分钟甲追上乙，如果两人同时同地反向出发，经过多少分钟两人相遇?

9 一个车队以4米/秒的速度缓慢通过一座长300米的大桥，共用115秒。已知每辆车长6米，相邻两车间隔20米，则这个车队一共有多少辆车？

10 斯迪文去外地玩，出发时坐火车通过一座大桥，用了1分40秒；回来时坐汽车通过同一座大桥，用了5分36妙，汽车长度忽略不计，汽车经过大桥的速度是每小时72千米。已知火车车长280米，那么火车的速度是多少？

11 6个互不相同的非零自然数的平均数是12，若将其中一个两位数ab换成ba（a、b是非零数字），那么这6个数的平均数变为15，所有满足条件的ab共有多少个？

12 植树节期间，几位老师带着一群学生去植树，已知老师和学生一共16人，每位老师植树9棵，每位男生植树8棵，每位女生植树4棵，师生一共植树100棵，请问植树的女生有多少人？

13 珍妮和汉斯玩“石头剪刀布”的游戏，两人约定：在每个回合中，如果赢了就得3分，输了就扣2分，每个回合都要分出输赢。游戏开始前，两人各有20分，玩了10个回合后，珍妮的得分是40分，则珍妮赢了多少个回合？

14 平底锅里每次能同时放2张饼，烙熟1张饼用时2分钟（正、反面各需1分钟），如果要烙熟3张饼至少需要多长时间？

15 斯迪文和爸爸妈妈去旅行，在住旅馆的时候，遇到了一件事情。妈妈给斯迪文算了一笔账：3人住宿时，每人10元钱，将30元钱交给服务员，再由服务员交到会计那里。会计打折返还了5元钱，服务员留下小费2元钱，还给他们3元钱。3人每人退回1元钱，合计每人只付了9元钱，加在一起共27元钱，再加上服务员小费的2元钱，一共29元钱。与付账的30元钱对不上。妈妈问斯迪文："是哪里出了问题呢？"

16 爸爸带斯迪文驾车从巴黎出发，在公路上匀速前进。不久，他们经过一个里程碑，一小时后经过第二个里程碑，上面是与之前同样的两个数字，但是左右顺序相反。又过一小时，经过第三个里程碑，上面是三位数，是上述两个数字（顺序或逆序）中间再夹一个零。请问他们的车速是多少？

17 斯迪文来到一个喷泉前，喷泉源源不断地提供着清水，斯迪文带着两个空的容器，一个容量为7升，另一个为11升。为了使其中一个容器正好盛有6升水，他至少需要做多少步操作？（提示：在这类无刻度容器题目中，每一步操作都必须使某个容器完全注满或者彻底倒空。）

18 两个容量为100毫升的瓶子中盛满了牛奶。斯迪文有两个量杯，容量分别为40毫升和70毫升。他想仅用以上四个容器，在两个量杯中各装上30毫升的牛奶，而且一滴牛奶都不洒出。斯迪文用6步操作做到了这一点，他是怎样做的呢？

19 珍妮是一个集邮爱好者，她珍藏有1元的和5角的邮票共50张，其中1元的总额比5角的总额多17元，那么1元的和5角的各有多少张?

20 鸡兔同笼共有200只，兔子的腿数比鸡的腿数多38条，那么鸡和兔子各有多少只?

21 珍妮家里有大、小水瓶共50个，每个大瓶可装水4千克，每个小瓶可装水2千克，大瓶比小瓶共多装20千克。那么大、小瓶各有多少个？

22 斯迪文所在的班参加了一次数字竞赛，男生的平均成绩是96分，女生的平均成绩是90分，全体同学的平均成绩是92分，女生一共有30人，那么班里的男生有多少人？

23 在一次数学课上，老师问汉斯：8个数的平均数是50，若把其中一个数改为90，平均数就变为60。那么被改动的数原来是多少？你知道吗？

24 一次学校的植树活动中，A、B两班植了同样多的树，A班平均每人植树21棵，B班平均每人植树28棵，两班合在一起，平均每人植树多少棵？

25 甲、乙两块农田种植水稻，甲块水稻有5亩，平均每亩产水稻203千克，乙块水稻有6亩，平均每亩产水稻170千克，那么这两块农田平均每亩产水稻多少千克？

26 威特在铁路旁边沿铁路方向的公路上散步，他散步的速度是3米/秒，这时迎面开来一列火车，从车头到车尾经过他身旁共用19秒，火车全长342米，那么火车的速度是多少？

参考答案

第一章　数字王国真神奇

1. 1+7=8，9–5=4，2×3=6。

2.

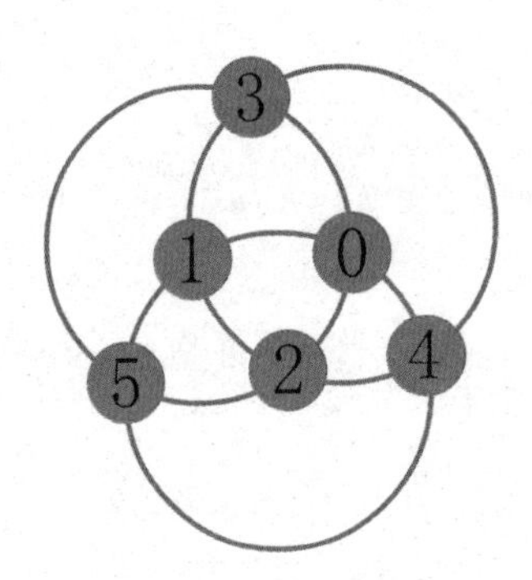

3. 1、1、2、3、5、8、13、21，从第三项开始，每一项都等于前两项的数字之和。

4.

4	1	16	13
9	15	2	8
14	12	5	3
7	6	11	10

5. 首先，第三行是第一行的 3 倍，一个三位数，3 倍了后还没有变成四位数的，那么，第一位只可能是 1、2、3。第二行是第一行的 2 倍，那么第二行的末尾必然是偶数。

第三行是第一行的 3 倍，那么第三行的 3 个数加起来能被 3 整除。第一行最后一个数不能为 5，因为 3×5=15，重复了。每个数不能重复，只能是 1 ~ 9 的数。

符合题意的答案有好几组：

① 192、384、576；

② 219、438、657；

③ 273、546、819；

④ 327、654、981。

6. 不能。

因为 1+2+3+4+…+10=55。

7. 第一棵 18 只，第二棵 10 只，第三棵 8 只。

8. 1+2+34+56+7=100；

1+23+4+5+67=100。

9. 分别装 6、6、6、6、16、60 个。

10. $10\div(1-\frac{1}{2})\div(1-\frac{1}{3})\div(1-\frac{1}{4})\div(1-\frac{1}{4})\div4$

$=10\times2\times\frac{3}{2}\times\frac{4}{3}\times\frac{4}{3}\div4$

$=10\times\frac{4}{3}$

$=\frac{40}{3}$

11. 这四种水果的个数分别是 15、21、6、54。

12. 1+2+4+8+16+32+64+128=255，所以说买鞋更便宜。

13. 129 瓶。

买 129 瓶酒，空瓶子换 25 瓶酒，换完还剩下 4 个空瓶；

喝完 25 瓶酒，加上剩下的 4 个空瓶，29 个空瓶；

29 个空瓶子再换 5 瓶酒，剩下 4 个空瓶；

喝完 5 瓶酒，加上剩下的 4 个空瓶，9 个空瓶；

9 个空瓶再换 1 瓶酒，剩下 4 个空瓶；

喝完后有 5 个空瓶，可以再换 1 瓶酒。

14. 原来的蚂蚁数：1

第一次增加数：$1\times10=10$

第二次增加数：（1+10）$\times10=110$

第三次增加数：（1+10+110）$\times10=1210$

第四次增加数：（1+10+110+1210）$\times10=13310$

原蚂蚁数与每次增加的蚂蚁数的和即为总和：

$1+10+110+1210+13310=14641$

应该一共有 14641 只蚂蚁。

15. 579。

16. 脚数的$\frac{1}{2}$减头数，即 $94\times\frac{1}{2}-35=12$ 为兔数。

头数减兔数即 $35-12=23$ 为鸡数。

17. 5、7、9。

过程：$2520\div8=315$

$315\div5=63$

$7\times9=63$

18. 28，即 $1+2+4+7+14=28$。

第二章　趣味数字会计算

1. 答案如下图所示：

2. 1+2+3+4+5+6+7+8×9=100

3. 123−45−67+89=100

4. 将最大和最小的数组成一对（1+100=101；2+99=101；3+98=101）依此类推，这样，会得到50对数字。所以，50×101=5050，即“心算”的算法。

5. 答案如下图所示：

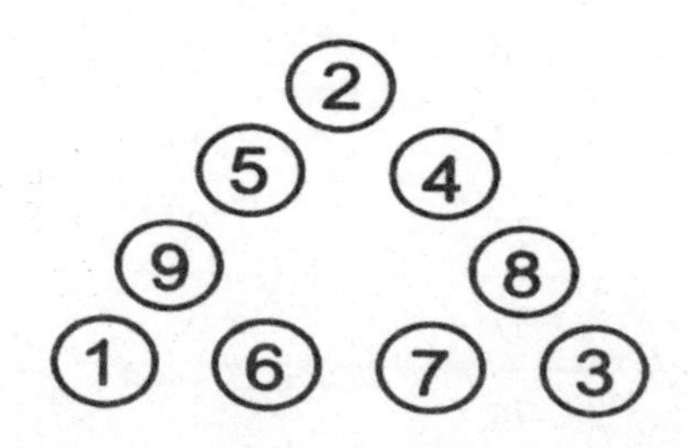

6. 乘客车厢每个4元，买了3个（共12元）；货物车厢每个0.5元，买了15个（共7.5元）；煤炭车厢每个0.25元，买了2个（共0.5元）。这些费用加起来就是12+7.5+0.5=20。

7. 李航和他的妹妹李琳的得分如下：两箭射中25环、两箭射中20环、两箭射中3环。

8. 动物园里有5只大猩猩、25只猿以及70只猴。

9. 利用这两个水壶的容积差进行换算。

先把5升的壶灌满，倒在6升的壶里，这时6升的壶里有5

升水。

再把5升的壶灌满，用5升的壶把6升的灌满，这时5升的壶里剩4升水。

把6升的壶里面的水倒掉，再把5升的壶里剩余的水倒入6升的壶里，这时6升的壶里有4升水。

把5升的壶灌满，倒入6升的壶，5–2 = 3，5升壶里剩的就是3升水了。

10. 答案是175。计算的规则是:（左窗户处的数值 + 右窗户处的数值）× 门上的数值。

11. 首先判定111是整数。因而CB为37或74（即2×37）。如果CB为37，则A = 3D。如果CB为74，则2A = 3D。于是A、B、C和D的值有六种可能，如下表：

	CB	D	A
（1）	37	1	3
（2）	37	2	6
（3）	37	3	9
（4）	74	2	3
（5）	74	4	6
（6）	74	6	9

因为不同字母代表不同的数字，所以（2）（4）（6）可能成立，即D代表2或者6。

12. 4个图形的面积分别是（1）11、（2）13、（3）10、（4）12个单位面积。

当我们要计算一个钉板上的闭合多边形的面积时，我们所要做的就是数出这个多边形内（不包括多边形的边线）的钉子数（N），和多边形的边线上的钉子数（B），多边形的面积就等于：（N+B）/2–1。

你可以用本题中的例子来验证一下这个公式。

13. 这个企业共有1733个员工。

这里有一个规律，那就是对题目中所给的条件进行分析，假如把全体员工的人数扩大2倍，则它除以5余1，除以7余1，除以11余1，那么，余数就相同了。

假设这个企业员工的人数在3400到3600之间，满足除以5余1，除以7余1，除以11余1的数是5×7×11+1＝386，386+385×8＝3466，符合要求，所以这个企业共有1733个员工。

14. 卖苹果的数量是534个。假设出沙漠时有1000个苹果，那么在出沙漠之前一定不只1000个，那么至少要驮两次才会出沙漠，那样从出发地到沙漠边缘都会有往返的里程，那所走的路程将大于3000公里，故最后能卖出苹果的数量一定是小于1000个的。那么在走到某一个位置的时候苹果的总数会恰好是1000个。

因为驴每次最多驮1000，那么为了最大限度地利用驴，第一次卸下的地点应该是使苹果的数量为2000的地点。因为一开始有3000苹果，想要运完，驴必须要驮三次，设驴走X公里第一次卸下苹果，则：5X＝1000（吃掉的苹果的数量，等于所行走的公里数）X＝200，也就是说第一次只走200公里。

驴驮1000个走200公里时剩800个苹果，卸下600个苹果，返回出发地。前两次就囤积了1200个，第三次不用返回则剩800个苹果，则总共是2000个苹果了。第二次驴只需要驮两次，设驴走的路程Y公里时第二次卸下苹果。则：3Y＝1000，Y＝333.3。

驴驮 1000 个走 333.3 公里时剩 667 个苹果，卸下 334 个，返回第一次卸苹果地点。第二次在途中会吃掉 334 个苹果，到第二次卸苹果地点时加上卸下的 334 个，刚好是 1000 个。而此时总共走了：200+333.3 = 533.3 公里，而剩下的 466.7 公里只需要吃 466 个苹果，所以可以卖苹果的数量就是 1000–466 = 534。

15. 80 平方米。如果你对这个经过切割的方格进行观察，你会发现在这些复合形状中包括了并行的几对图形，它们可以组合成 4 个正方形。整块土地的总面积是 20 米 ×20 米，即 400 平方米。这 5 个相同的正方形中任意 1 个的面积都是土地总面积的 1 / 5，即 80 平方米。

16. 3 个女儿的年龄分别为 2、2、9。

显然 3 个女儿的年龄都不为 0，否则爸爸就是 0 岁了，因此女儿的年龄都大于等于 1 岁。这样可以得下面的情况：

$1\times1\times11=11$，$1\times2\times10=20$，$1\times3\times9=27$，$1\times4\times8=32$，$1\times5\times7=35$，$1\times6\times6=36$，$2\times2\times9=36$，$2\times3\times8=48$，$2\times4\times7=56$，$2\times5\times6=60$，$3\times3\times7=63$，$3\times4\times6=72$，$3\times5\times5=75$，$4\times4\times5=80$

因为已知道父亲的年龄，但仍不能确定父亲三个女儿的年龄，说明父亲是 36 岁（因为 $1\times6\times6=36$，$2\times2\times9=36$），所以 3 个女儿的年龄只有 2 种情况，父亲又说只有一个女儿上学了，说明只有一个女儿是比较大的，其他的都比较小，还没有上学，所以 3 个女儿的年龄分别为 2、2、9。

17. 下一行数字是 311311222113。

首先要找出这些数字的规律，我们可以看出，每一个下一行是对上一行数字的读法。第一行 3，第二行是在读第一行：1 个 3，所以13。第三行读第二行：1个1，1个3，所以1113。第四行读第三行，3个1，1个3，所以3113。第五行读第四行：1个3，2个1，1个3，所以132113。第六行读第五行：1个1，1个3，1个2，2个1，1个3，所以1113122113。第七行读第六行：3个1，1个3，1个1，2个2，2个1，1个3，所以下一行数字是311311222113。

18. 赚了20元。

第一步：乐乐花了90元买了一件衣服，结果120元卖出，此时她赚了120–90=30元。

第二步：乐乐又花了100元买了另外的衣服，90元卖出，此时她赚的钱是90–100=–10元，说明这次她赔了10元，这里的150元是干扰的数字。

第三步：第一步乐乐赚了30元，但第二步她赔了10元，所以赚的钱数是30–10 = 20元。

总的来说乐乐还是赚了，并且赚了20元。

19.

20. 15个孩子，因为她把自己算进去了。

第一步：此时鸭妈妈数数是从后向前数，数到她自己是8，说明她是第八个，她的后面有7只小鸭。

第二步：鸭妈妈又从前往后数数，数到她自己是9，说明她前面有 8 只小鸭。

第三步：鸭妈妈的孩子总数应该是 7+8 = 15，而不是 17，鸭妈妈数错的原因是她数的这两次都把她自己数进去了。

21. 一开始奇偶性为奇，偶数步不会改变奇偶性。所以，口都朝上和口都朝下的结局是不可能的。

22. 默默有弹珠 10 个，小月有弹珠 6 个。

第一步：先假设默默有弹珠 x 个，小月有弹珠 y 个。

第二步：由默默的话可以得到 $x+2=3(y-2)$。

第三步：由小月的话可以得到 $y+2=x-2$。

第四步：解两个式子得 $x=10$，$y=6$ 即为答案。

23. 连接如图：

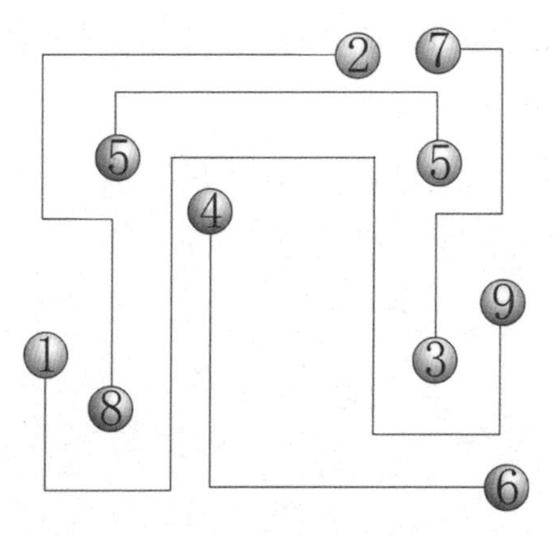

24. 7 次后灯是亮的，20 次是关的，25 次灯是亮的。

根据已知条件，强子拉第一次灯时灯已经亮了，再拉第二下灯就灭了，如果照此逻辑拉下去，灯在奇数次时是亮的，偶数次是关的，所以 7 次后灯是亮的，20 次是关的，25 次灯是亮的。

25. 答案是 E 和 I。

26. 能买到 26 瓶。

先用40元钱买20瓶饮料，得20个饮料瓶，4个饮料瓶换一瓶饮料，就得5瓶，再得5个饮料瓶，再换得1瓶饮料，这样总共得20+5+1=26瓶。

27. 九宫图中的9个数字相加之和为45。

因为方块中的3行（或列）都分别包括数字1到9当中的1个，将这9个数字相加之和除以3便得到“魔数”——15。

总的来说，任何n阶魔方的“魔数”都可以用这个公式求出：n3+n/2

和为15的三数组合有8种可能性：

9+5+1 9+4+2 8+6+1 8+5+2

8+4+3 7+6+2 7+5+3 6+5+4

方块中心的数字必须出现在这些可能组合中的4组。5是唯一在4组三数组合中都出现的。因此它必然是中心数字。

9只出现于两个三数组合中。因此它必须处在边上的中心，这样我们就得到完整的一行：9+5+1。

3和7也是只出现在2个三数组合中。剩余的4个数字只能有一种填法——这就证明了魔方的独特性（当然，旋转和镜像的情况不算）。

28. 四份分别是12、6、27、3。

设这四份果冻都为X，则第一份为X+3，第二份为X–3，第三份为3X，第四份为X÷3，总和为48，求得X=9。这样就知道每一份果冻各是多少了。

29. 事实上，由1到9当中的3个数字组成和为15的可能组合有8种。

30. 天不会黑。因为40小时已经超过了一天一夜的时间，但没有超过 48 小时，所以用 40 去掉一天的时间 24 小时，剩余 16 小时，在下午 6 点的基础上再加上 16 个小时，6 点到夜里 12 点只需 6 个小时，所以剩余的 10 个小时是第二天的时间，即是第二天的上午 10 点，此时明显天是亮的，所以那时天不会黑。

31. 答案如图所示：

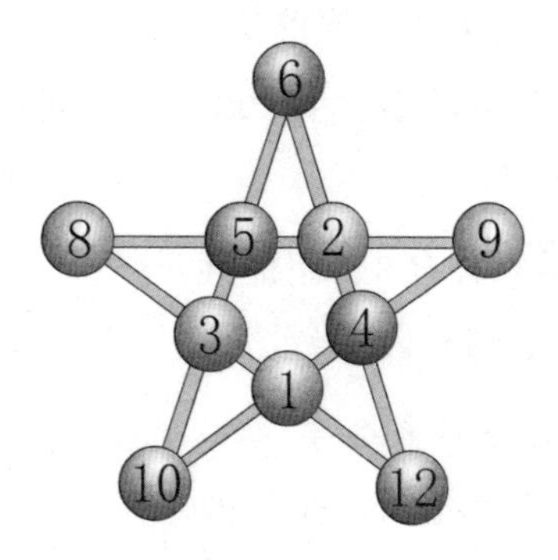

32. 这套书的价格是 38 元。

既然两个人的钱凑在一起可以买1套，那证明这套书的价格是整数。有 3 个人的钱凑在一起可以买 2 套，除去这 3 个人，还有 2 个人的钱凑在一起能买 1 套，证明这 5 个人的钱一共能买 3 套。6 个人的总钱数是 132 元。也就是说 132 减去一个人的钱数应该能被 3 整除。那么 132 只能减 18 或者 21。（132 － 18）÷ 3 ＝ 38，而 14、17、21、25、27 中的 17 和 21 组合能组成 38，满足题目的要求。同理，另外一种情况不满足题意，所以这套书的价格是 38 元。

33. 在 10 点的地方，有一个 0。如果你能注意到这一点的话，那就好办了。无论多少个数字相乘，如果其中有一个数字是 0 的话，其结果都是 0。

34.（1）$5 \times 5 \times 5 - 5 \times 5=100$

（2）$(5+5+5+5) \times 5=100$

35.

$$
\begin{array}{r}
888 \\
88 \\
8 \\
8 \\
+\quad 8 \\
\hline
1000
\end{array}
$$

36. 玛丽可以换到 10 包免费的薯条。先用 64 个包装袋换 8 包薯条；吃完后，用这 8 个包装袋换 1 包薯条；再吃完，与原先剩的 7 个包装袋加在一起刚好 8 个包装袋，又可以换 1 包。所以，玛丽最多可换 10 包薯条。

37. 答案如图所示：

6	4	5	7	3	2	1
7	5	2	3	1	4	6
2	6	7	4	5	1	3
3	1	4	5	2	6	7
5	3	6	1	4	7	2
1	7	3	2	6	5	4
4	2	1	6	7	3	5

38. 刚开始甲有 260 元，乙有 80 元，丙有 140 元。（提示：用倒推法。）

39. 12。图形中左侧的 1+2+3 与 4+6+8+3 相差 15；右侧的 3+6+9 与 3+8+14+8 相差 15，所以 1+4+7 与 2+6+?+7 也应相差 15，

7+8+9 与 6+14+?+7 也应相差 15。

40. $99+\frac{99}{99}=100$

41. 10×10×10+10×10×10+10+（10−10）×10+10−10=2010

只要先凑够 2000，剩下的只要通过加减乘除使之保持结果为 10 就很简单了。后面的形成 10 的方法还有很多，小朋友们不妨多试一试。

42. 最大和为 119。每行数字选取一个，路线为：14，12，14，12，13，16，15，10，13。

43. 答案如图所示：

	28	21	21
42		14	14
21	14		35
7	28	35	

44. 锯 5 次。

因为，90 除以 15 等于 6，这根 90 厘米长的木头可以分成 6 段 15 厘米长的短木头段，所以锯 5 次即可。

45. 1 个数字都不用改变，把整个算式倒过来就可以得到 245。

$$\begin{array}{r} 86 \\ 91 \\ +\quad 68 \\ \hline 245 \end{array}$$

46. 4 个一位数；12 个两位数；24 个三位数；24 个四位数。

47. 在第 1 层，将布袋（7）和（2）交换，这样就得到单个布

袋数字（2）和两位数字（78），两个数相乘结果为156。接着，把第3行的单个布袋（5）与中间那行的布袋（9）交换，这样，中间那行数字就是156。然后，将布袋（9）与第3行两位数中的布袋（4）交换，这样，布袋（4）移到右边成为单个布袋。这时，第3行的数字为（39）和（4），相乘的结果为156。总共移动了5步就把这个题完成了。

48. 啤酒是3元一瓶，阿木只花了30元，也就是说他买了10瓶啤酒。3支空啤酒瓶可以换1瓶啤酒，10个空瓶子就可以换3瓶啤酒。当这3瓶啤酒喝完后就又可以换一瓶，这时阿木有2个空瓶子。就可以拿这两个空瓶子换瓶啤酒，喝完再把空瓶子给推销员。这样第一次喝了10瓶，换了3瓶，再加上最后的一瓶，正好阿木喝了15瓶啤酒。

48. 答案如图所示：

50. 很多人看到此题都会认为皮套10美元，相机400美元，这样看来相机确实比皮套贵400美元，但仔细看题会发现并非如此。假设皮套x元，则相机应该是400+x元，可得x+400+x=410，计算可得皮套为5美元，而非10美元，如果误算的话就会多出5美元。

100 美元就应找 95 美元。

51.

$$\begin{array}{r} 289 \\ +\quad 764 \\ \hline 1053 \end{array}$$

52. 6 次。因为青蛙到第 6 次跳的时候，刚好到达 9 米，就不会再滑下 3 米，而是直接跳出井外。

53. 上半个：÷，×：下半个：×，×。

54. 答案是 4。

每行第一个数 + 第三个数 = 第二个数乘以第四个数。

即：$9+7=8\times2$

$11+9=5\times4$

$8+7=5\times3$

$12+4=4\times4$

55. 把 9 上下颠倒过来当作 6，再把它与 8 交换位置，这样两边算式的和都得 18。

56. 如果这个一月有 4 个星期四，那么假设纪念日的日期是 a，则 4a+7+14+21=80a，得 a 不是整数，这种情况不成立；如果有 5 个星期四，则 5a+7+14+21+28=80，可以算出 a=2，所以是星期二，即童童的爸爸、妈妈结婚那天是星期二。

第三章　美丽图形大变身

1. 把大圆剪断拉直。小圆绕大圆圆周一周，就变成从直线的一头滚至另一头。因为直线长就是大圆的周长，是小圆周长的 2 倍，所以小圆要滚动 2 圈。

但是，现在小圆不是沿直线而是沿大圆滚动，小圆因此还同时作自转，当小圆沿大圆滚动 1 周回到原出发点时，小圆同时自转 1 周。当小圆在大圆内部滚动时自转的方向与滚动的转向相反，所以，小圆自身转了 1 周。

当小圆在大圆外部滚动时自转的方向与滚动的转向相同，所以小圆自身转了 3 周。

2. 如图，沿虚线分割。

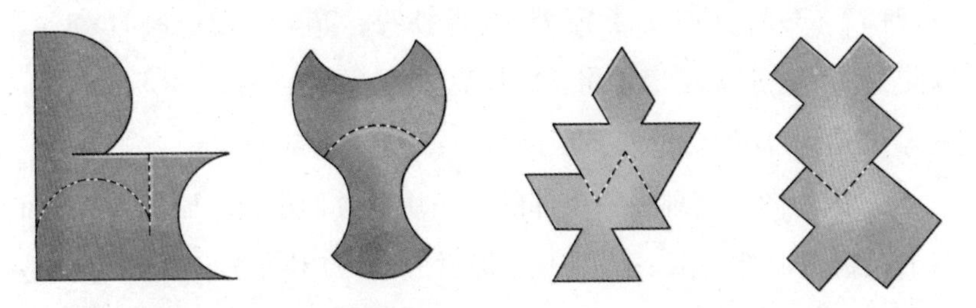

3. 如图，沿虚线分割，再拼接。

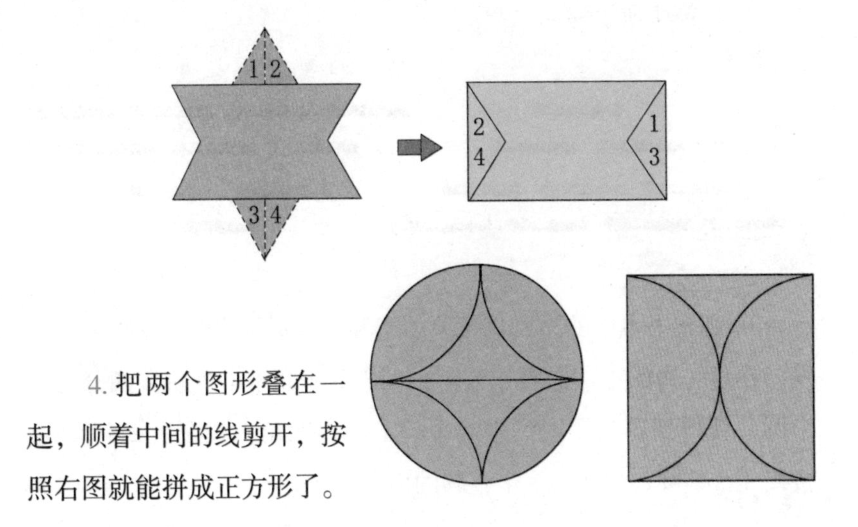

4. 把两个图形叠在一起，顺着中间的线剪开，按照右图就能拼成正方形了。

5.

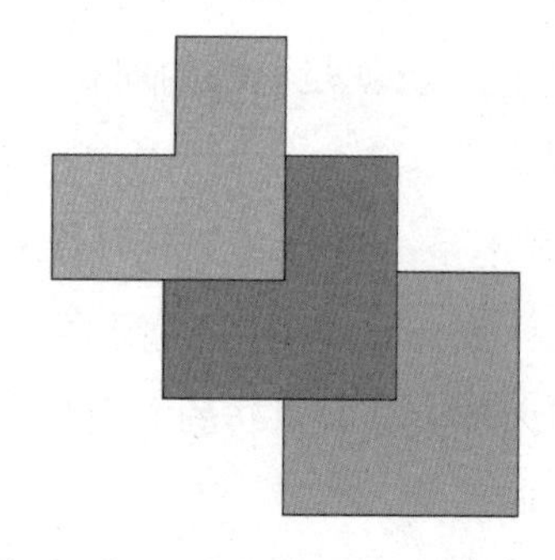

6. 由图观察可知，房子是由若干3张牌组成的小三角组成，最下一层没有底，因此1层房子需要2张扑克，2=1×3−1，2层房子需要7张扑克，7=（1+2）×3−2，3层房子需要15张扑克，15=（1+2+3）×3−3，4层房子需要26张扑克，26=（1+2+3+4）×3−4，以此类推，建造n层房子需要的扑克数为（1+2+⋯+n）×3−n。

建造50层的房子需要（1+2+⋯+50）×3−50=3775。

7. 因为图中表现人物头部的是一块正方形小板，面积为2；而每个人物图形都是由一整副七巧板拼成的，7块小板面积的总和是16。所以，在每个人物图中，头部面积与全身面积的比都是1比8。

8. 按箭头所示移动火柴。

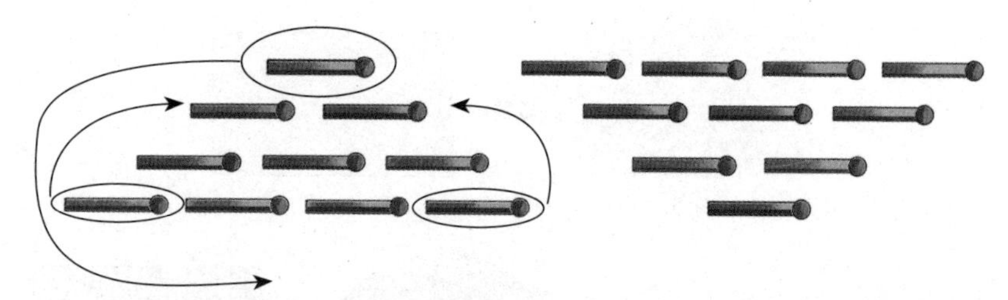

9. 观察书本中的图，将花朵图案和正方形相比较。从正方形出发，在每一边的中部向内挖去半个圆，每个角上向外拼接四分之三个圆，就得到花朵图案。总起来看，四边四角，共挖去2个整圆，拼接3个整圆，净增加1个整圆的面积。

圆的半径是1厘米，正方形的边长是4厘米。取圆周率为3.1416，得到花朵图案的面积是$4^2+3.1416\times1^2=19.1416$（平方厘米）。

10. 巨人的脚底走过的圆，半径是6378千米。

巨人的身高是3米，所以他的头顶走过的圆，半径增加3米。都用千米作为长度单位，半径增加的数量就是0.003千米。

取圆周率的近似值为3.14，那么：

两圆周长的差 $=3.14\times2\times(6378+0.003)-3.14\times2\times6378$

$=3.14\times2\times0.003$

$=0.01884$（千米）

$=18.84$（米）

结论是：环绕地球一周，巨人的头顶比脚底多走18.84米。

11. 青蛙经过1小时，可以向上爬行0.4米，经过20小时，向上爬行8米，这样20小时的时候只剩1米了，青蛙爬上去，不会再掉下来，所以是21小时。

12. 我们把画有圆的一面记为a面，正方形阴影面记为b面，三角形阴影面记为c面。

在选项A中，由Z字型结构知b与c对面，与已知正方体b面c面相邻不符，应排除；

在选项B中，b面与c面隔着a面，b面与c面是对面，也应排除；

在选项D中，虽然a、b、c三面成拐角型，是正方体的三个邻面，b面作为上面，a面为正面，则c面应在正方体的左面，与原图不符，也应排除；

选项C都符合，故应选C。

13. 首先找出上下两底，(1) 是 + 和○，(2) 是 + 和 *，(3)(4) 都是□和 ×，排除 (1)(2)，再检查侧面，(3)(4) 顺序相同，所以选 (3)(4)。

14. 第一幅图中的空白面积大，可以把两个图剪下来比较，也可以运算得出。

15. 16 个。

16. 可以看出原图形中共有 16 个小正方形，要分成 4 个形状、大小相同的图形，则每个图形中有 4 个小正方形，都是“L”形。

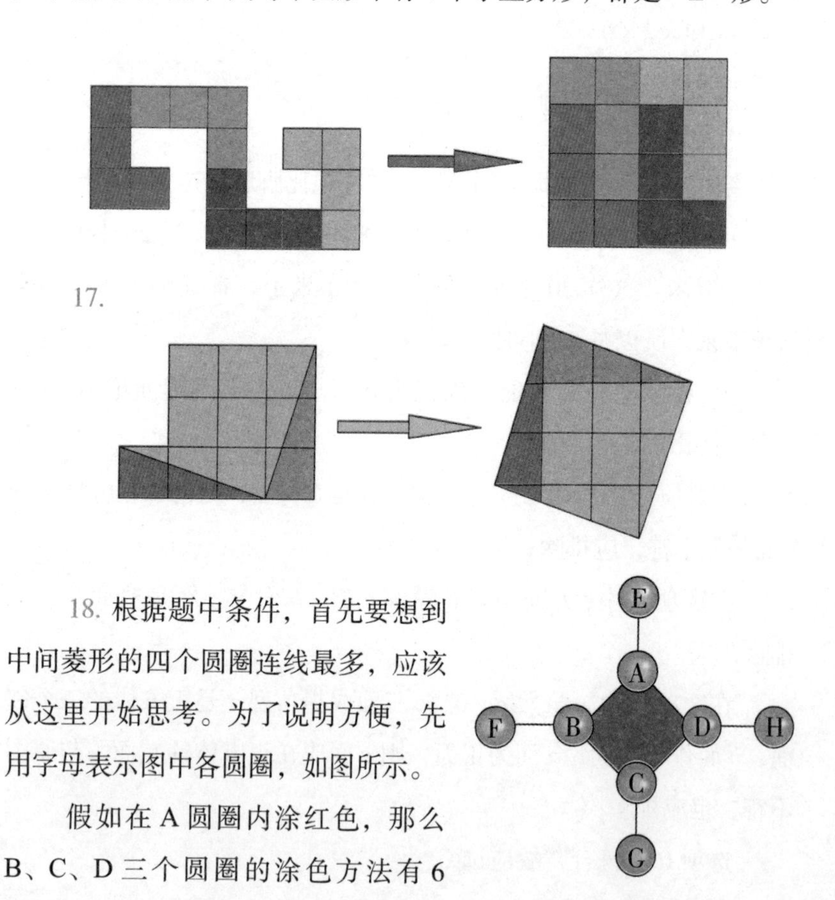

17.

18. 根据题中条件，首先要想到中间菱形的四个圆圈连线最多，应该从这里开始思考。为了说明方便，先用字母表示图中各圆圈，如图所示。

假如在 A 圆圈内涂红色，那么 B、C、D 三个圆圈的涂色方法有 6

种，如图所示。

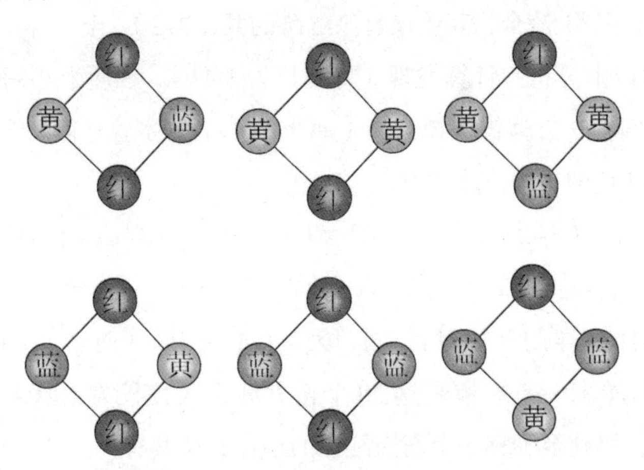

因为 A 圆圈可以涂红、黄、蓝三种颜色，所以 A、B、C、D 四个圆圈的涂色方法共有 $6\times3=18$ 种。

又因为 A、B、C、D 都有一条线分别与 E、F、G、H 相连，所以 E、F、G、H 各有 2 种不同的涂法，由此共有 $18\times2\times2\times2\times2=288$ 种不同的涂法。

19. 观察已知图形，显然，先计算出白色面积比较简单。

白色部分面积是：$(2^2-1^2)+(4^2-3^2)=10$（平方米）

阴影部分面积是：$5^2-10=15$（平方米）

因此，白色部分面积与阴影部分面积之比是 10:15，即 2:3。

20. 棱长为 1 厘米涂有红漆的小正方体，不用锯，就是棱长为 1 厘米的小正方体，它当然是至少有一个面是红色的小正方体。

将棱长为 3 厘米的涂有红漆的小正方体，锯成棱长为 1 厘米的小正方体，共得到 3^3 个，其中没有涂红漆的共 $(3-2)^3$ 个。

将棱长为 5 厘米的涂有红漆的小正方体锯成棱长为 1 厘米的小正方体，共得 5^3 个，其中没有涂红漆的共 $(5-2)^3$ 个。

将棱长为 7 厘米的涂有红漆的小正方体锯成棱长为 1 厘米的小正方体，共得 7^3 个，其中没有涂红漆的共（7–2）^{3} 个。

由以上分析、计算发现，将棱长为 1 厘米、3 厘米、5 厘米、7 厘米的四个正方体锯成棱长为 1 厘米的小正方体后，得到至少有一个面为红色的小正方体共有：

$1^3+3^3-(3-2)^3+5^3-(5-2)^3+7^3-(7-2)^3=1^3+3^3-1^3+5^3-3^3+7^3-5^3=1^3+3^3+5^3+7^3-1^3-3^3-5^3=7^3=343$（个）。

按照这样的规律可得，将棱长为 1 厘米、3 厘米、5 厘米、7 厘米、9 厘米……99 厘米这 50 个正方体锯成棱长为 1 厘米的小正方体后，得到至少有一个面为红色的小正方体共有：

$1^3+3^3+5^3+7^3+9^3+\cdots+97^3+99^3-1^3-3^3-5^3-7^3-9^3-\cdots-97^3=99^3=970299$（个）。

21. 根据题意，首先应该想到只有 2 个面有蓝漆的小正方体，都在原来大正方体的棱上。

原来棱长是 1 厘米、2 厘米的正方体，将它截成 1 立方厘米的小正方体后，得不到只有 2 个面有蓝漆的小正方体。棱长是 3 厘米的正方体，将它截成 1 立方厘米的小正方体后，大正方体的每条棱上都有 1 个小正方体只有 2 个面有蓝漆。每个正方体有 12 条棱，因此可得到 12 个只有 2 个面有蓝漆的小正方体，即共有（3–2）×12 个。

棱长为 4 厘米的正方体，将它截成 1 立方厘米的小正方体后，得到只有 2 个面有蓝漆的小正方体共有（4–2）×12 个。

以此类推，可得出，将这 102 个正方体截成 1 立方厘米小正方体后，共得到只有 2 个面有蓝漆的小正方体的个数是：

$[(3-2)+(4-2)+(5-2)+\cdots+(102-2)]\times 12$

$=[1+2+3+\cdots+100]\times 12$

$=60600$

所以，只有 2 个面有蓝漆的小正方体共有 60600 个。

22. 从 A 到 B 沿着大圆走就是大圆周长的一半，假设大圆的直径为 d，大圆周长的一半就是 $\pi d/2$，设 4 个小圆的直径分别为 d_1、d_2、d_3、d_4，从小圆 A 到 B 就是 4 个小半圆周长一半的和，即 $\pi d_1/2+\pi d_2/2+\pi d_3/2+\pi d_4/2=\pi(d_1+d_2+d_3+d_4)/2$

因为 d_1、d_2、d_3、d_4 在一条直径上，所以，$d_1+d_2+d_3+d_4=d$。因此，从 A 到 B 沿着大圆走和沿着小圆走的路程是相同的。由于他们两个的速度也相同，所以同时到达。

23. 这是一道关于完全平方数的题目，因为棋子数是 200 多枚，所以每行的棋子数 n 可能为 15、16、17。

当 $n=15$ 时，$15\times 15=225$，甲先取 10 枚，乙再取 10 枚，第 225 枚该甲取，不符合题意；

当 $n=16$ 时，$16\times 16=256$，甲先取 10 枚，乙再取 10 枚，第 256 枚该乙取；

当 $n=17$ 时，$17\times 17=289$，第 289 枚该甲取，不符合题意。

由上面的分析可见，枚数的十位数字必须是奇数，最后一枚才该乙取，乙取的总数为：$(256+4)\div 2-4=126$（枚）。

24. 这是一道图形的分割问题。因为长方形的两条对角线必定相交于这个长方形的中心点。任意一条通过中心点的直线都可以把长方形分成大小和形状完全相同的两部分。

现在要将这个长方形按 2:3 进行分配，可以先找出多出来的 1 份，然后再去平分。

先将长方形的长分成 5 等份，连接最右端的两个 5 等份点，得

到的小长方形面积为长方形面积的1/5，剩下的长方形只要平分，那么这块地就成2:3了。如图所示。

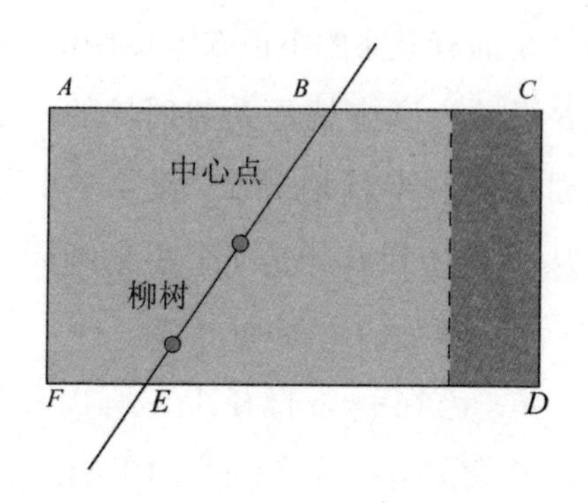

将梯形ABEF分给老大，梯形BCDE分给老二，他们所分的面积比恰好为2：3。

25. 要把椅子翻过来，就要使下面有四条腿，由于翻倒后掉了一条腿，因此应该看清三条腿，上面还应该有椅子的靠背，如图所示的虚线表示移走的火柴棒。

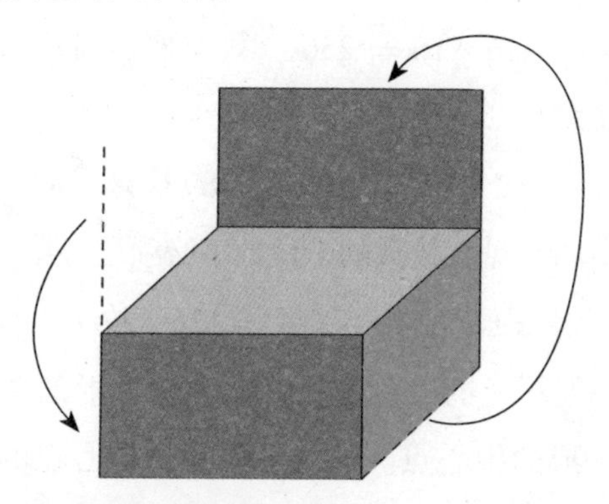

26. 从第一排与第二排观察到，2块小瓷砖的长等于3块小瓷砖的宽，3块小瓷砖的宽是36厘米，因此1块小瓷砖的长等于18厘米，阴影小正方形边的长为18−12=6（厘米），则其总面积为：$6\times6\times3=108$（平方厘米）。

27. 要求粘起来的立体图形的表面积，实际上就是用这三个正方体的表面积的和减去遮盖起来的面积，注意：关键就是好多同学想不到遮盖起来的面积。

遮盖的面积为：$1\times1\times2+2\times2\times2=10$（平方厘米）

综合算式：$(1\times1\times6+2\times2\times6+3\times3\times6)-(1\times1\times2+2\times2\times2)=74$（平方厘米）。

28. A。

第四章　五花八门度量衡

1. 7 两的勺子是小勺子，11 两的是大勺子。步骤如下：

首先，用小勺子舀两勺倒入大勺子，将大勺子倒满时，7 两的勺子中就剩下 3 两酒。

然后，将大勺子倒空，再把小勺子中的 3 两酒倒到大勺子中，再舀两小勺倒入大勺，将大勺倒满时，7 两的勺子中还剩 6 两酒。

最后，重复第 2 步：再将大勺子倒空，把小勺子中剩余的 6 两酒倒入大勺子，然后舀一小勺将大勺子装满，小勺子中剩下的就是 2 两。

2. 把 4 杯半杯的果汁倒成 2 杯满杯的果汁，这样就有 9 杯满杯的果汁、3 杯半杯的果汁，空杯子则变成了 9 个。那么，3 个人来平分这些东西就好分了。

3. 根据题中条件，红葡萄酒和白酒都是 300 毫升，我们用 V 表示。白酒中红葡萄酒的含量用 a 表示，红葡萄酒中白酒的含量用 b 表示。于是白酒杯中的酒是：

$V=(V-b)+a$

红葡萄酒杯中的酒是：

$V=(V-a)+b$

因此，$(V-b)+a=(V-a)+b$

那么 $a-b=b-a$

$2a=2b$

所以 $a=b$

这就是说，白酒里的红葡萄酒与红葡萄酒里的白酒一样多。

4. 观察图不难发现，B 与 C 的长是相等的，因此，B 与 C 面积的比就是它们宽的比。

A 与 D 的长也是相等的，因此，A 与 D 面积的比也是它们宽的比。

而 A 与 B，C 与 D 的宽分别相等，于是，

A:D=B:C 即 45:D=20:36

D=81

所以，D 有 81 平方米。

5 只要你能想到天平两端都可以放砝码，问题就不难了。所需要的砝码是：1、3、9、27 克四种规格。

例如：被称量物体加 1 克砝码与 9 克砝码相等时，则被称量物体的质量为 8 克，也就是等于两个砝码的差。这种方案理论上是可行的，但实际中并未被采用，因为应用比较麻烦。

6. 先在天平的两边各放 4 个零件，如果天平平衡，说明坏的在另外的 5 个里，再称两次不难找到。如果不平衡，说明坏的在这 8 个中，此时要记住哪些是轻的，哪些是重的。剩下的 5 个是合格的，可以作为标准。然后把 5 个合格的放在天平的左端，取 2 个轻的，

3个重的放在右端。此时如果右端低，说明坏的在重的3个里，一次即可称出。

7. 先称甲乙两人体重，再分别称出甲丙和乙丙两人的体重。

然后将这3个体重相加所得的和除以2即3个人的总重量。

最后可得：总重量－甲乙＝丙，总重量－甲丙＝乙，总重量－乙丙＝甲。

8. 把十个篮子鸡蛋依次编号，从第一个篮子内取1个，第二个篮子内取2个，第三个篮子内取3个……第十个篮子内取10个，放在一起称，那么共有鸡蛋1+2+3+…+10=55个。

如果每个鸡蛋都是50克，55个鸡蛋应是2750克，从少的克数中能找到装40克重的鸡蛋篮子。若少10克，就是第一个篮子，若少50克，就是第五个篮子……

9. 可以把起点看作0，半圈看作“1”，一圈看作“2”，至少用四架飞机。可把四架飞机标号为1号、2号、3号、4号。

先让1号、2号、3号三架同时起飞。

1号飞到$\frac{1}{4}$处把$\frac{1}{2}$油分别给2号、3号加满，返回；

2号飞到$\frac{1}{2}$处，把$\frac{1}{4}$油给3号加满，留$\frac{1}{2}$油自己返回；

3号油箱满，可飞到$1\frac{1}{2}$处，油箱空。

在3号飞机到达1处，1号、2号已返回机场，再与4号同时起飞反方向去接3号飞机。

4号飞到$1\frac{1}{4}$处把$\frac{1}{2}$油分加给1号、2号，1号、2号飞行至$1\frac{1}{2}$处正好接到3号，各加给3号$\frac{1}{4}$油后，1号、2号、3号

同时返回。这样3号飞机绕地球一圈。

10. 第一天的时候，大老鼠打了1尺，小老鼠打了1尺，一共打了2尺，还剩3尺；

第二天的时候，大老鼠打了2尺，小老鼠打了$\frac{1}{2}$尺，这一天一共打了2.5尺，两天一共打了4.5尺，还剩0.5尺；

第三天按道理来说，大老鼠打4尺，小老鼠$\frac{1}{4}$尺，可是现在只剩0.5尺没有打通了，所以在第三天肯定可以打通。

我们现在设大老鼠打了x尺，小老鼠则打了（$0.5-x$）尺。

打洞时间相等：

$x\div 4=(0.5-x)\div \frac{1}{4}$

解方程得$x=\frac{8}{17}$

所以大老鼠在第三天打了$\frac{8}{17}$尺，小老鼠打了$0.5-\frac{8}{17}=\frac{1}{34}$尺。

所以，三天总的来说，大老鼠打了$3+\frac{8}{17}$尺，小老鼠打了$\frac{3}{2}+\frac{1}{34}$尺。

11. 设这群羊共有x只，可列方程为：

$x+x+\frac{1}{2}x+\frac{1}{4}x+1=100$

解得$x=36$只。

原来这群羊36只。

12. 根据题意可知，A跑1圈的时间为$\frac{1}{2}$分钟，B为$\frac{1}{3}$分钟，

C 为$\frac{1}{4}$分钟，$\frac{1}{2}$、$\frac{1}{3}$、$\frac{1}{4}$的最小公倍数即为三匹马重新排在起跑线上的时间，为 1 分钟。

13. 分别是 6、2、4。

14. 二分之一。

第五章　活学活用时间数

1. 整 12 点和 0 点，此题可以通过手表观察。

2. 一根香两头点燃，另一根香一头点燃，当第一根香烧完后，第二根再两头点燃，就可以得到 15 分钟的时间。

3. $(5+4)\div(1-\frac{1}{6}-\frac{1}{12}-\frac{1}{7}-\frac{1}{2})=9\div\frac{9}{84}=84$。

4. 煎三块饼至少需要 3 分钟。先放两块，1 分钟后拿出一块，放一块新的，再过 1 分钟拿出煎熟的那块，放入刚才煎一半的，再过 1 分钟全部煎熟。

煎 n 块饼，需要 n 分钟。因为，当 n 是偶数时，每煎两个需要 2 分钟；

当 n 是奇数时，只要在煎最后三块饼时采用上述方法就可以了。

5. 题中告诉我们，48384 是四个人年龄的乘积，只要我们把 48384 分解质因数，再按照每组相差 2 来分成四个数相乘，这四个数就是四个人的年龄了。

$48384=2^8\times3^3\times7=(2^2\times3)\times(2\times7)\times2^4\times(2\times3^2)$

$=12\times14\times16\times18$

由此得出，这四个人的年龄分别是12岁、14岁、16岁、18岁。

6. 张师傅在家把挂钟上好弦，临走时看一下时间，设为 t_1。到李师傅家后立即先看一下时间，设为 t_2，走时再看一下时间，设为 t_3，这样可以知道在李师傅家的时间为 t_3-t_2。

到家后立即看一下时间，设为 t_4，可以求出在路上的时间为（t_4-t_1）-（t_3-t_2）$=t$。因此，可求出当前时间 $= t/2 + t_3$。

7. 快钟比慢钟每天快 2 分钟。要想快钟与慢钟再次同时指向 3 点，就是要快钟比慢钟一共快 12 小时 $= 12 \times 60 = 720$ 分钟 。

$720 \div 2 = 360$ 天

360天后，快钟比慢钟一共快了720分钟，也就是快了12小时。

8. 乌龟所用时间：$5.2 \div 3 = \dfrac{26}{15}$（时）=104（分）

兔子不休息跑的时间：$5.2 \div 20 = 0.26$（时）=15.6（分）

兔子休息的次数就是 5 次，总用时是：$15.6+5 \times 20=115.6$（分）

因此，乌龟比兔子早到 $115.6-104=11.6$（分）。

9. 第一分钟走 10 米，这样走 AC 轨道，经过了 3 次 A 点，距离 A 点 1 米，然后开通 AB 轨道，会向 A 点前进，就是说要在 1.2 分钟才能第 4 次经过 A 点，再经过 0.8 分钟，$10 \times 0.8 \div 1.5$ 会经过 5 次 A 点，还会超过 A 点 0.5 米，再开通 AC 轨道，只需 0.1 分钟就能走完 AB 轨道再从 AC 轨道前进。所以一共要走的距离为 $4 \times 3+6 \times 1.5=21$ 米。

设需要时间为 x，则得到方程：$10x=21$

解得：$x=2.1$。

10. 到达莫斯科时是北京时间：15+8=23（时），莫斯科时间为：23−5=18（时），故答案为：18∶00。

11. 先考虑日期数是连续整数的情况。

因为$1+2+3+\cdots+11=66>60$，所以校长外出考察不会超过10天。

显然，校长不可能只外出考察1天。

假设外出考察2天，且第1天的日期数是a，则$a+(a+1)=60$，$2a=59$，a不是整数，因此，校长不可能外出考察2天。

同理，有以下情形：

$a+(a+1)+(a+2)=60$，$a=19$，可能外出考察3天；

$a+(a+1)+(a+2)+(a+3)=60$，$4a=54$，不可能外出考察4天；

$a+(a+1)+\cdots+(a+4)=60$，$a=10$，可能外出考察5天；

$a+(a+1)+\cdots+(a+5)=60$，$6a=45$，不可能外出考察6天；

$a+(a+1)+\cdots+(a+6)=60$，$7a=39$，不可能外出考察7天；

$a+(a+1)+\cdots+(a+7)=60$，$a=4$，可能外出考察8天；

$a+(a+1)+\cdots+(a+8)=60$，$9a=24$，不可能外出考察9天；

$a+(a+1)+\cdots+(a+9)=60$，$10a=15$，不可能外出考察10天。

再考虑跨了两个不同月份的情况。

2011年各月的最大日期数有28、30、31三种。

因为$27+28+1+2<60$

$27+28+1+2+3>60$

$28+1+2+\cdots+7<60$

$28+1+2+\cdots+8>60$

所以不可能跨过最大日期数是28的月份。同理可判断不可能跨过最大日期数是31的月份。

而$29+30+1=60$

$30+1+2+\cdots+7<60$

$30+1+2+\cdots+8>60$

所以可能在29日、30日、1日这三天外出考察。综上所述，有4种可能：

（1）外出考察3天，从19日到21日；

（2）外出考察5天，从10日到14日；

（3）外出考察8天，从4日到11日；

（4）外出考察3天，分别是29日、30日、1日。

12. 列表

次数	第1次	第2次	第3次	第4次	第5次	
时间	开始	1分钟	2分钟	3分钟	4分钟	
新吹	100	100	100	100	100	…
1分钟		50	50	50	50	…
2分钟			5	5	5	…
合计	100	150	155	155	155	…

由上表可以看出，从第3次开始，都是还剩155个肥皂泡，所以小华第20次吹出100个后，没破的肥皂泡有155个。

13. 假设1台抽水机1小时抽的水为1份，则每小时涌出的泉水量为：

$(8\times10-12\times6)\div(10-6)=2$（份）

原有的水量为：

$8\times10-10\times2=60$（份）

用14台抽水机把水抽干，需要工作$60\div(14-2)=5$（小时）。

14. 所花的总时间是指这四人各自所用时间与等待时间的总和，由于各自用水时间是固定的，所以只能想办法减少等待的时间，即应该安排用水时间少的人先用，所以，应按丙、乙、甲、丁的顺序

用水。

丙等待时间为 0，用水时间 1 分钟，总计 1 分钟；

乙等待时间为丙用水时间 1 分钟，乙用水时间 2 分钟，总计 3 分钟；

甲等待时间为丙和乙用水时间 3 分钟，甲用水时间 3 分钟，总计 6 分钟；

丁等待时间为丙、乙和甲用水时间共 6 分钟，丁用水时间 10 分钟，总计 16 分钟；

总时间为 $1+3+6+16=26$ 分钟。

15. 3 时 36 分 =3.6 小时

3.6/24=（x–5）/10

求出 x=6.5 小时

6.5 小时 =6 小时 50 分钟。

16. 由题意可知，

1/ 甲 +1/ 乙 +1/ 甲 +1/ 乙 +…+1/ 甲 = 1

1/ 乙 +1/ 甲 +1/ 乙 +1/ 甲 +…+1/ 乙 +1/ 甲 ×0.5 = 1

1/ 甲表示甲的工作效率、1/ 乙表示乙的工作效率，最后结束必须如上所示，否则第二种做法就不比第一种多 0.5 天。

1/ 甲 = 1/ 乙 +1/ 甲 ×0.5（因为前面的工作量都相等）

得到 1/ 甲 = 1/ 乙 ×2

又因为 1/ 乙 = 1/17

所以 1/ 甲 = 2/17，甲等于 $17\div2=8.5$ 天。

17. 从图中我们可以看出，在左图变为右图的过程中，时针从 A 走到 B，分针从 B 走到 A，两针一共走了一圈。换一个角度，问题可以化为：时针、分针同时从 B 出发，反向而行，它们在 A 点相遇。两针所行的距离和是 60 格，分针每分钟走 1 小格，时针每分钟走$\frac{1}{12}$小格，那么两针相遇时间是：

$60 \div (1+\frac{1}{12}) = 55\frac{5}{13}$（分钟）。

18. 如下示意图，开始分针在时针左边 110° 位置，后来追至时针右边 110° 位置。

于是，分针追上了 110° +110° =220°，分针每分钟走 6°，时针每分钟走$\frac{1}{2}$°，因此追上 220° 需要 $\frac{220}{6-\frac{1}{2}}=40$（分钟）。

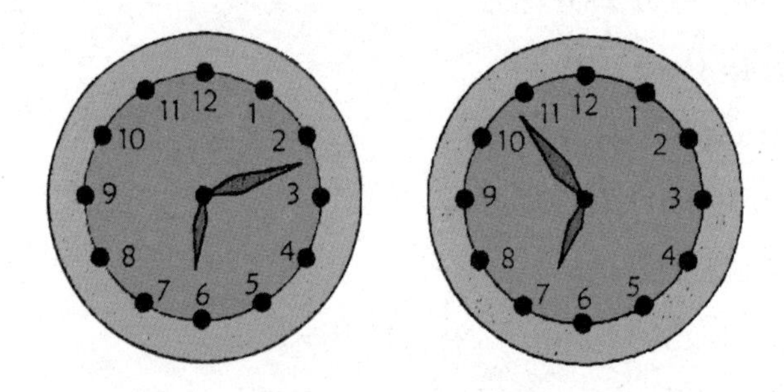

19. 甲游完一个全程要 50 ÷ 1=50（秒），乙游完一个全程要 50 ÷ 0.5=100（秒），画出这两人的运行图。

图中实线段和虚线段的每个交点表示两运动员相遇了一次，从图中可以看出，甲、乙两运动员在 5 分钟内共相遇了 5 次，其中，有 2 次在游泳池的两端相遇。

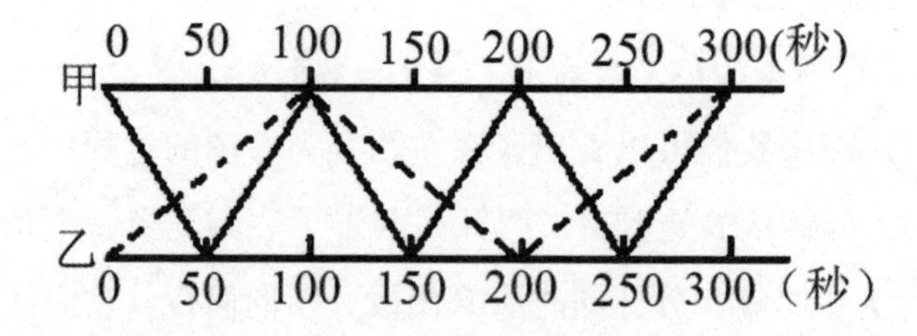

第六章　数字生活百事通

1. 先拿 4 个。对方如果拿 1 到 5 个，就再拿 5 到 1 个。

于是无论如何剩下的苹果数为 $6n$，n 逐次少 1，最后剩 6 个的时候恰好是我拿完，此时必胜。

2. 如果这样去想，第一轮 512 名运动员参赛，要赛 256 场；第二轮 256 名运动员参赛，要赛 128 场……直到决出第一名为止，再将各轮比赛场次加起来，计算出一共要比赛多少场。这种方法是可以的，不过太复杂了。

根据题中所说，比赛采取淘汰制，每比赛一场淘汰掉 1 人，到最后决赛得出第一名，只有这第一名未被淘汰。也就是说，512 名运动员参赛，有 511 人被淘汰。淘汰一个人就要赛一场，所以这次乒乓球比赛一共要进行 511 场比赛。

3. 25 千米。如果你想求出鸽子每次飞行的距离，那就把问题复杂化了，因为兄弟二人的位置时时在变化，他们之间的距离也是在不断地变化（缩小），很难求出结果。

其实这个问题并不复杂，因为鸽子是连续飞行的，只要求出飞行时间就能求出飞行距离，这个时间就是弟弟骑车撵上哥哥的时间，这是很容易求的。

4. 有一个数，无论用 3、4、5 去除，结果都余 1，求这个数。看起来好像很难，如果换个说法，就容易理解了：有一个数，减去 1 就能同时被 3、4、5 整除。

显然，任何 3、4、5 的公倍数加 1 都是这个问题的解，最小的解是 61，往下是 121、181 等。题中挎筐的是一位老太太，因此鸡蛋不可能很多，故可认为是 61 个。

5. 把一头牛一天所吃的牧草看作 1，那么就有：

（1）27 头牛 6 天所吃的牧草为：$27\times6=162$。

（这 162 包括牧场原有的草和 6 天新长的草。）

（2）23 头牛 9 天所吃的牧草为：$23\times9=207$。

（这 207 包括牧场原有的草和 9 天新长的草。）

（3）1 天新长的草为：$(207-162)\div(9-6)=15$。

（4）牧场上原有的草为：$27\times6-15\times6=72$。

（5）每天新长的草足够 15 头牛吃，21 头牛减去 15 头，剩下 6 头吃原牧场的草：

$72\div(21-15)=72\div6=12$（天）。

所以，养 21 头牛，12 天能把牧场上的草吃尽。

6. 设客人为 x，饭碗用$\frac{x}{2}$，鸡蛋羹碗用$\frac{x}{3}$，肉碗用$\frac{x}{4}$，$\frac{x}{2}+\frac{x}{3}+\frac{x}{4}=65$，$x=60$。

7. 先背 50 根到 25 米处，这时，吃了 25 根，还有 25 根，把香蕉放下。回头再背剩下的 50 根，走到 25 米处时，又吃了 25 根，还有 25 根。再拿起地上的 25 根，一共 50 根，继续往家走，一共 25 米，要吃 25 根，还剩 25 根到家。

8. 根据题目，每人 5 条鱼，15 千克。

现在，小芳捉的 2 条 1 千克的鱼，还差 3 条，共 13 千克。

你再看一下，自己组合。只有选择 5+4+4 才能组成 13，也符合 3 条，其他的组合都不适合。所以，那 5 千克的鱼是小芳捉的。

9. 数是一定的，所以本题可列方程解决，假设共有 x 个小朋

友，所以共做了 x 个纸“猪娃娃”，$x/2$ 个泥“猪娃娃”，$x/3$ 个布“猪娃娃”，$x/4$ 个电动“猪娃娃”。

由此可列方程：$x+x/2+x/3+x/4=100$，解此方程 $x=48$，即共有 48 个小朋友。

10. 本题采用倒推法还原法：

①第四天晚上有 0+16=16（个），第四天白天有 16÷2=8（个）；

②第三天晚上有 8+16=24（个），第三天白天有 24÷2=12（个）；

③第二天晚上有 12+16=28（个），第二天白天有 28÷2=14（个）；

④第一天晚上有 14+16=30（个），第一天白天有 30÷2=15（个）。

11. 大车每吨耗油：14÷7=2 升，小车每吨耗油：9÷4=2.25 升，则大车每吨的耗油量较少。

所以，在尽量满载的情况下，多使用大车运送耗油最少。

由于 59÷7=8 辆余 3 吨，即需要 8 辆大车，1 辆小车即能全部运完。

需耗油：14×8+9×1=121（升）。

12. 因为变动了 9 次，从 1 到 9 号，变动了奇数次的都亮着，即有奇数个约数的灯都亮着，编号是完全平方数的约数个位是奇数，则有 1 号、4 号、9 号最后是亮着的。

另外，10 号灯，经历了 1、2、5 三个约数，是奇数次，也是亮着的。所以楼道上打开的灯有 4 盏，分别是 1 号、4 号、9 号、10 号。

13. 货车装满油从起点 S 出发，到储油点 A 时从车中取出部分油放进 A 储油点，然后返回出发点，货车在 A 点最多可以放 1/3 行程的油，那么 $AS=1/3\times600=200$ 千米。

再次到 A 点用去 1/3 的油，行驶了 200 千米，加上储存的油可以再行驶 600 千米，所以这辆货车穿越这片沙漠的最大行程是 200+600=800 千米。

14. 最后一张纸上的数必为 1 到 101 所有数之和，1+2+⋯+101=5151，所以这个数是 51。

15. 这道题按照常规思路似乎不太好解决，我们画个图试试。用 5 个点分别表示参加比赛的 5 个人，如果某两人已经赛过，就用线段把代表这两个人的点连接起来。

因为甲已经赛了 4 盘，除了甲以外还有 4 个点，所以甲与其他 4 个点都有线段相连（见左下图）。

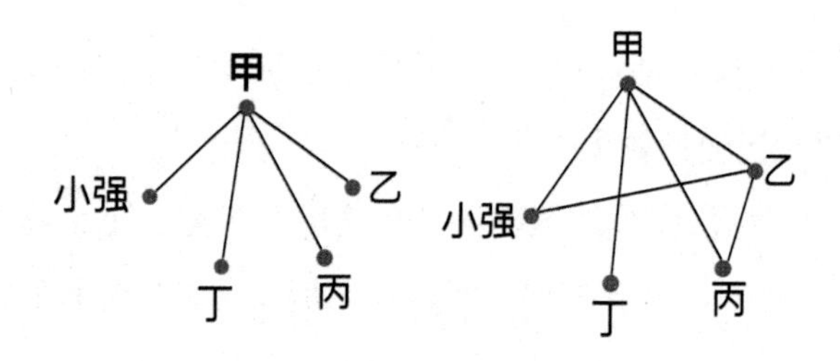

因为丁只赛了 1 盘，所以丁只与甲有线段相连。

因为乙赛了 3 盘，除了丁以外，乙与其他 3 个点都有线段相连（见右上图）。

因为丙赛了 2 盘，右上图中丙已有两条线段相连，所以丙只与甲、乙赛过。

由上面右图可清楚地看出，小强赛过 2 盘，分别与甲、乙赛过。

16. 由于小明数的第 20 棵在小红那儿是第 7 棵，所以小红应该在前面，用圈外数字表示小红数的树，用圈内数字表示小明数的树。由图中可看出小红与小明之间相差 13 棵树，又由于小明数的第 7 棵在小红那儿是第 94 棵。由图中可看出第 94 棵树前面还有 6 棵，所以水池周围栽了 100 棵树。

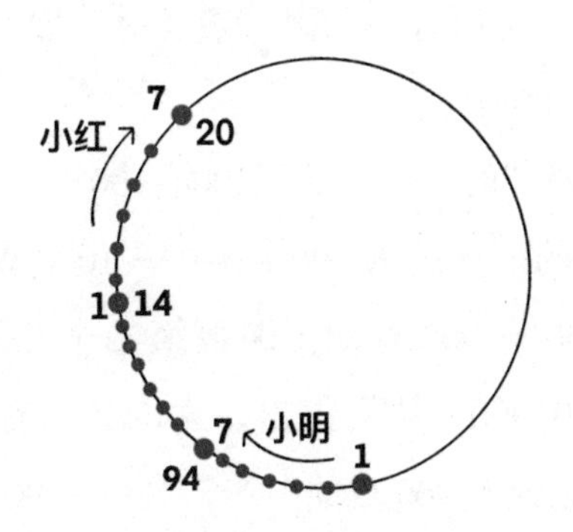

第七章　理财能手分身术

1. 挣了 2 元，可以简单看成两次交易。

第一次挣 9–8=1 元，第二次挣 11–10=1 元，共 2 元。

当然，如果他没有中间的那次 9 元卖、10 元买的交易，是可以挣到 11–8=3 元的，也就是说 9 元和 10 元之间的那 1 元是属于可以挣到但没有挣到的 1 元钱。

2. 设这位父亲共有 n 个儿子，最后一个儿子为第 n 个儿子，则倒数第二个就是第（n–1）个儿子。

通过分析可知：

第一个儿子分得的财产＝ 100×1 ＋剩余财产的 1/10；

第二个儿子分得的财产＝ 100×2 ＋剩余财产的 1/10 ；

第三个儿子分得的财产＝ 100×3 ＋剩余财产的 1/10;

第（n–1）个儿子分得的财产＝ 100×（n–1）＋剩余财产的 1/10;

第 n 个儿子分得的财产为 100n。

因为，每个儿子所分得的财产数相等，即 100×（n–1）＋剩余财产的 1/10 ＝ 100n。

所以，剩余财产的 1/10，就是 100n–100×（n–1）＝ 100 克朗。

那么，剩余的财产就为 100÷1/10 ＝ 1000 克朗，最后一个儿子分得：1000–100 ＝ 900 克朗。倒数第二个儿子也是 900 克朗，100×（n–1）+100=900，从而得出，这位父亲有 900÷100 ＝ 9 个儿子，每个儿子能分得 900 克朗财产，共留下 900×9 ＝ 8100 克朗财产。

3. 这里关键不是数量的多少，而是数量的关系。

仔细分析遗嘱，不难看出，妻子和儿子分得遗产的数量相同，妻子分得遗产的数量是女儿的 2 倍。

有了这个关系就不难分配了：妻子和儿子各得总数的五分之二，女儿得总数的五分之一。

4. 因为 1.7×6 ＞ 9.9，所以啤酒最多买 5 瓶。不妨先假定买 2 瓶，于是饮料必然是 9 瓶，此时共需花 9.7 元，余 0.2 元。

如果多买 1 瓶啤酒，就要少买 3 瓶饮料，并余 0.4 元；如果多买 2 瓶啤酒（即买 4 瓶），就要少买 6 瓶饮料，并余出 0.8 元，加原来的 0.2 元共余 1 元，正好是 1 瓶啤酒与 1 瓶饮料的差价，即再多买 1 瓶啤酒，少买 1 瓶饮料，正好是 9.9 元。此时啤酒 2+2+1=5 瓶，饮料 9–6–1=2 瓶。

此解法用的是试探法，只要有小学的数学知识就可以。

5. 这类题最好用倒推法求。

因为最后一头牛也没剩，可以肯定是杀了一头。按遗嘱要求，女儿只能分 2 头，才能剩下一头。

按同样的思路分析可以得到结果：儿子分 8 头，妻子分 4 头，女儿分 2 头。

6. 损失了 10 元，即一张假币的面值。

7. 两个公司的人数合在一起购票为 864 元（864 不是整十数）$864 \div 8 = 108$（人），说明两个公司合在一起有 108 人。

如果两个公司的人数都超过 50 人，他们分开购票就要 $108 \times 10 = 1080$（元），比实际中的 1142 元要少，说明王叔叔公司的人数在 50 人以上，李叔叔公司的人数在 50 人以下，假设全用 10 元购票要 1080 元与实际 1142 元相差 $1142-1080 = 62$（元），这 62 元的差距就是把那些用 12 元购票的人也当作 10 元购票，每人相差 $12-10 = 2$（元）

$62 \div 2 = 31$（人）

$108-31 = 77$（人）

王叔叔公司的员工有 77 人，李叔叔公司的员工有 31 人。

8. 这是一道关于合理分摊的题目。

18 元的车费应平均分成 3 份，$18 \div 3 = 6$（元）；

在第一段中的 6 元，应该为 3 个人平分，$6 \div 3 = 2$（元），田女士应分摊 2 元；

在第二段中的 6 元，应该为 2 个人平分，$6 \div 2 = 3$（元），舒女士应分摊 $2+3 = 5$（元）。

刘女士应分摊 2+3+6 = 11（元）。

9. 求解这个问题，一般从变化后的结果出发，利用乘与除、加与减的互逆关系，逐步逆推还原。“三遇店和花，喝光壶中酒”，可见三遇花时壶中有酒 1 斗，则三遇店时有酒 1 ÷ 2 斗，那么，二遇花时有酒 1 ÷ 2+1 斗，二遇店时有酒（1 ÷ 2+1）÷ 2 斗，于是一遇花时有酒（1 ÷ 2+1）÷ 2+1 斗，一遇店时有酒，即壶中原有酒的计算式为：

[（1 ÷ 2+1）÷ 2+1] ÷ 2=7/8（斗）

所以，壶中原有 7/8 斗酒。

10. 乙：甲 =4：5，丙：乙 =3：8

甲：乙：丙 =10：8：3

可见，三个人一共付款 10+8+3=21 份，每个人都应该平摊：21 除以 3=7 份。

丙实际上只给了 3 份，应该给 7 份的钱，少给了 4 份的钱，就应该补 4 份的钱，每份是 24 除以 4=6 元。

乙给了 8 份的钱，多给了 1 份，所以需要拿回 1 份的钱 6 元。

答案：6 元。

11. 这道题初看太抽象，既不知道圆桌的大小，又不知道硬币的大小，谁知道该怎样放呀！我们用对称的思想来分析一下。圆是关于圆心对称的图形，若 A 是圆内除圆心外的任意一点，则圆内一定有一点 B 与 A 关于圆心对称（见图，其中 $AO=OB$）。

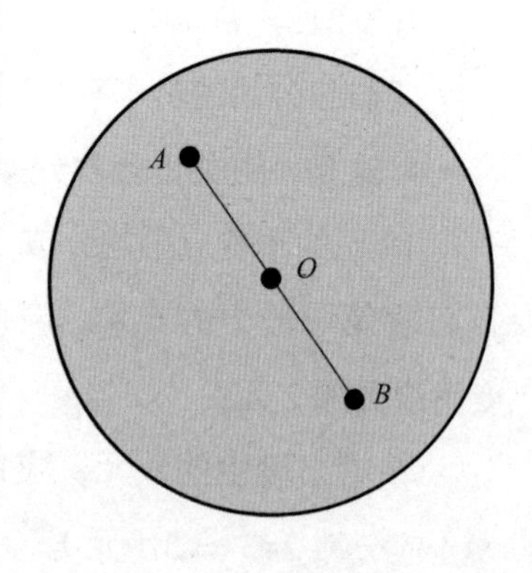

所以，圆内除圆心外，任意一

点都有一个（关于圆心的）对称点。由此可以想到，只要甲把第一枚硬币放在圆桌面的圆心处，以后无论乙将硬币放在何处，甲一定能找到与之对称的点放置硬币。也就是说，只要乙能放，甲就一定能放。最后无处可放硬币的必是乙。

12.（1）只拿出一种硬币的方法：

①全拿 1 分的：1+1+1+1+1+1+1+1+1+1=1（角）。

②全拿 2 分的：2+2+2+2+2=1（角）。

③全拿 5 分的：5+5=1（角）。

只拿出一种硬币，有 3 种方法。

（2）只拿两种硬币的方法：

①拿 8 枚 1 分的，1 枚 2 分的：1+1+1+1+1+1+1+1+2=1（角）。

②拿 6 枚 1 分的，2 枚 2 分的：1+1+1+1+1+1+2+2=1（角）。

③拿 4 枚 1 分的，3 枚 2 分的：1+1+1+1+2+2+2=1（角）。

④拿 2 枚 1 分的，4 枚 2 分的：1+1+2+2+2+2=1（角）。

⑤拿 5 枚 1 分的，1 枚 5 分的：1+1+1+1+1+5=1（角）。

只拿出两种硬币，有 5 种方法。

（3）拿出三种硬币的方法：

①拿 3 枚 1 分的，1 枚 2 分的，1 枚 5 分的：1+1+1+2+5=1（角）。

②拿 1 枚 1 分的，2 枚 2 分的，1 枚 5 分的：1+2+2+5=1（角）。

拿出三种硬币，有 2 种方法。

共有：3+5+2=10（种）。

13. 因为祖父给兄弟二人的钱数相同，所以祖母给兄弟二人的钱数之差，就是他们分别得到的所有零花钱钱数之差。

1100−550=550（元）

由兄弟二人所得到的零花钱钱数的比为 7：5 可知，把哥哥的钱看成是7份的话，弟弟的钱数就是5份，它们相差：

7−5=2（份）

所以，每一份的钱数是：

550 ÷ 2=275（元）

哥哥有零花钱：

275 × 7=1925（元）

其中祖父给的是：

1925−1100=825（元）

14. 混合后的辣椒是每500克卖2角5分钱，而混合辣椒中红、青两种辣椒的比不能是1：1，因为在混合后的辣椒中每有500克红辣椒，红辣椒就要少卖5分钱，所以应算是每500克红辣椒损失了5分钱；又因为在混合后的辣椒中每有500克青辣椒，青辣椒就要多卖4分钱，所以应算是每500克青辣椒多卖了4分钱。

5与4的最小公倍数是20。

20 ÷ 5 ＝ 4，20 ÷ 4 ＝ 5

只有在混合的辣椒中，有4份的红辣椒、5份的青辣椒时，500克混合后的辣椒正好卖2角5分钱。

所以，在混合的辣椒中，红辣椒与青辣椒的比应是4：5。

15. 根据购进的蓝墨水是黑墨水的3倍，假设每天卖出的蓝墨水也是黑墨水的3倍，则每天卖出蓝墨水：45 × 3=135（瓶）。

这样，过些日子当黑墨水卖完时蓝墨水也会卖完。实际上，蓝墨水剩下300瓶，这是因为实际比假设每天卖出的瓶数少：135−120=15（瓶）。

卖的天数：300 ÷ 15=20（天）。

购进黑墨水：45×20=900（瓶）。

购进蓝墨水：900×3=2700（瓶）。

16. 把23枚硬币分为两堆，一堆10枚，一堆13枚，把10枚的那一堆全部翻一面即可。

17. 在A国用A国币换B国币，再把B国币带到B国换成A国币，就是以“保值”的兑换“贬值”的，再把“贬值”的变成“保值”的，周而复始。这种便宜的事只能在一开始实现，以后谁也不会拿本国的钱到邻国去用。

第八章　自然密码大揭秘

1. 首先列出各层灯数的比是1：2：4：8：16：32：64。

其总和为：1+2+4+8+16+32+64=127。

即把总灯数分成127份，一份的灯数是381/127=3，这就是顶层的灯数。

解：设一层有x盏灯

$x+2x+4x+8x+16x+32x+64x=381$

$127x=381$

$x=3$

2. 不能。

因为总数为1+9+15+31 = 56，

56/4 = 14，

14是一个偶数，

而1、3都是奇数，需要奇数次操作才会都是偶数；同时1、9、15、31除以3的余数分别是1、0、0、1，最终结果为14÷3，都是余2，每次操作只能使奇数堆（3堆）余数改变，本题中要改变偶数堆（4堆）的余数，必须偶数次操作，这与上面相矛，因此不能。

3. 一共采了：240 ÷ 24=10（天）。

假设全是雨天，则有：20 × 10=200（个），所以晴天有（240–200）÷（30–20）=4（天）。

这几天当中有4个晴天。

4. 因为都是按红桃2张、梅花1张、方片3张的次序摞起来的，所以可把2张红桃、1张梅花、3张方片看作一组，这一组共有扑克牌：2+1+3=6（张）。

60张扑克可分为：

60 ÷ 6=10（组），

60张牌中有红桃：

2 × 10=20（张），

有梅花：1 × 10=10（张），

有方片：3 × 10=30（张）。

5. 铁轨都是一节一节连接而成的，车轮每经过一个接头处，就发出一次声音，而每节铁轨长是12.5米，根据听见的声音次数，就可以算出桥的大体长度。

6. 分析能力较强的同学可以看出，所求的台阶数应比2、3、5、6的公倍数（30的倍数）小1，并且是7的倍数。因此，只需从29、59、89、119……中找7的倍数就可以了。很快可以得到答案为119个台阶。

7. 上楼的速度可以分为两部分：

一部分是男孩、女孩自己的速度，另一部分是自动扶梯的速度。

男孩5分钟走了20 × 5=100级，女孩6分钟走了15 × 6=90级。

女孩比男孩少走了 100-90=10 级，多用了 6-5=1 分钟，说明电梯 1 分钟走 10 级。

因男孩 5 分钟到达楼上，他上楼的速度是自己的速度与扶梯的速度之和。

所以，扶梯共有：（20+10）×5=150 级。

第九章　创意思维乐无穷

1. 先掰下第一棵玉米的果实，然后把手中的玉米果实与下一棵上的玉米果实相比较，如果下一棵的玉米果实比手中的大，那就把手中的玉米果实换成那一棵上的玉米果实。

2. 第一次：农民把鸡带到对岸返回。

第二次：把狗带到对岸，把鸡带回（关键）。

第三次：把米带到对岸返回。

第四次：把鸡带过去。

3. 因为昨天夜里下了一场雨，其他的花上都有水珠，而青年遇到的那位是在雨停了以后才回去的，身上不会有水珠。

4. 假如 A 说的是真话，那么 B 说的也是真话，两个孩子都说真话，不符合所设条件，所以可以断定玻璃不是 C 打碎的。

再看 C 说的话，是真的。所以 B 和 D 都说了假话，再看 B 说的话，可以知道玻璃是 B 打碎的。

5. 他等到太阳照过来，棍子影子的长度和棍子的高度相等的时候，就去测量金字塔的影子，这个影子长度就是金字塔的高度了。

6. 拿走的也必须是行、列都是偶数个，而且必须是选出其中的

3 行、3 列来拿，每行、列都是 2 个棋子。因此，就有很多种方案了，比如选择2、3、4行，2、3、4列，拿2行的2、4列；3行的2、3 列；4 行的 3、4 列。

7. 如果每层楼都有人上或下，根据放球的规则，应放小球：1+2+3+⋯+8+9=45（个）。

但实际上只放了 25 个小球，比较可知，一共少放了 45–25=20（个）球。

当然，少放 20 个球的原因是有 3 层楼无人上或下，所以想到可以把 20 分解为 1 ~ 9 之间三个不同数的和：20=3+8+9=4+7+9=5+6+9=5+7+8。

根据相应的结果，可以知道分别是哪三层楼无人上或下。

（1）四层、九层、十层；

（2）五层、八层、十层；

（3）六层、七层、十层；

（4）六层、八层、九层。

所以，一共有四种可能的情况。

8. 不论陈宇从甲盒中拿出两个什么样的棋子，他总会把一个棋子放入甲盒。所以他每拿一次，甲盒子中的棋子数就减少一个，所以他拿 180+181–1=360 次后，甲盒里只剩下一个棋子。

如果他拿出的是两个黑子，那么甲盒中的黑子数就减少两个；否则甲盒子中的黑子数不变。由于 181 是奇数，根据上面所说，黑子是拿不完的，至少会剩一个。而白子每次的变化是 1，是可以拿完的。所以甲盒中剩下的一个棋子是黑色的。而不大于 1 的奇数只有 1，所以甲盒里剩下的一个棋子应该是黑色的。

9. 逻辑学家问的是：“如果我问另一个人死亡之门在哪里，他会怎么回答？”最终得到的回答肯定是指向自由之门的。

10. 选一张吞到肚子里，看其他的都是“死”，选的肯定是“生”了。

11. 金箱，一共取出了25%加5件，剩下的比分掉的多10件。如果再分掉10÷2=5件，剩下的就和分掉的一样多。

原来有：（5+10÷2）÷（1/2−25%）=40件。

银箱，一共取出了20%加4件，取出的占总数的：1/（2+1）=1/3。

原来有：4÷（1/3−20%）=30件。

拓展挑战

1题：94分

解析：由题可得出，两次考试平均分等于90分时第二次应该得分为：90×2−87=93（分），而我们又得知第二次的考试必须高于90分，而且分数都是整数，故得出第二次测试成绩至少是93+1=94（分）。

2题：89分

解析：由已知可得，威特的成绩为90×4−89−95−91=89（分）。

3题：12100米

解析：由题可得，斯迪文共走了20+30=50（分钟）共走了50×200=10000(米)，珍妮共走了30×70=2100（米）那么得出斯迪文与学校的距离为12100米。

4题：6分钟

解析：由题可得，威特背向走了 200×3=600（米），斯迪文背向走了 80×3=240（米），两人相距的路程差为 600+240=840（米），两人同向时的速度差为 220−80=140（米）那么威特追斯迪文的时间应该为 840÷140=6（分钟）。

5 题：斯迪文是数学课代表

解析：由（1）可得：威特不等于数学课代表。

由（2）可得：斯迪文不等于语文课代表。

由（3）可得：珍妮不等于语文课代表。

通过以上三条能得出威特是语文课代表，同时就不是数学课代表和英语课代表。再通过第三条结合成绩这条线分析出：珍妮不是数学课代表。由此得知斯迪文是数学课代表。

	数学	语文	英语
斯迪文			
		×	
珍妮	×	×	
威特	×	√	×

6 题：20 人

解析：老师比 12 岁大的年龄等于其他人比 12 岁小的年龄之和，因此其余人共有（50−12）÷（12−10）=19（人），教室里共有 19+1=20（人）。

7 题：26 棵

解析：由已知可得，学校的周长为（80−65）×26=390（米），学校周围共栽树 390÷15=26（棵）。

8 题：5 分钟

解析：由已知可得，环形跑道的周长为（250−200）×45=2250

（米），如果两人反向出发，相遇时间为 2250÷（250+200）=5（分）。

9 题：7 辆车

解析：车队行驶距离 4×115=460（米），车队长 460−298=162（米），162=6×7+20×6，则一共有 7 辆车。

10 题：70 米 / 秒

解析：汽车的速度为 72 千米 / 时即 20 米 / 秒，可得桥的长度为 20×（5×60+36）=6720（米），则火车 1 分 40 秒即 100 秒行驶的路程为 280+6720=7000（米），火车的速度为 7000÷100=70（米 / 秒）。

11 题：5 个

解析：由已知可得，两位数 ba 比 ab 大（15−12）×6=18，即 ba−ab=18，则 b−a=2，这样的两位数有 13、24、35、46、57、68、79，但是由于这 6 个数是互不相同的非零数字，且平均数为 12，则这个两位数最大为 12×6−1−2−3−4−5=57，因此满足条件的两位数有 13、24、35、46、57，共 5 个。

12 题：8 人

解析：假设每人植 4 棵树，则比实际少 100−4×16=36（棵），实际每位老师比女生多植树 9−4=5（棵），每位男生比女生多植树 8−4=4（棵），共多植树 36 棵，计算可得，老师有 4 人，男生有 4 人，因此植树的女生有 16−4−4=8（人）。

13 题：8 个回合

解析：假设珍妮全赢，应得 20+3×10=50(分)，每输一回合，会比 50 少 3+2=5（分），所以珍妮共输（50−40）÷5=2（个）回合，赢 10−2=8（个）回合。

14 题：3 分钟

解析：先将 2 张饼放入锅中，1 分钟后取出烙熟一面的一张饼，另一张饼烙反面，此时将第三张饼放入锅中。过 1 分钟，取出烙熟的一张饼，另一张饼烙另一面，此时再将原来烙熟一面的那张饼放入锅中烙另一面。又过 1 分，两张饼同时烙熟。共用时 3 分钟。

15 题：

解析：付账的 30 元应该是 9×3=27（元）再加上退回的 3 元，而不是加上服务员小费 2 元。

16 题：45 千米

解析：第一个里程碑上的千米数可以写成：10A+B。第二个里程碑上的千米数可以写成：10B+A。至于第三个里程碑上的千米数，则为 100A+B 或 100B+A。由于爸爸开车匀速行驶，故而第一、二两个里程碑之间的距离同第二、三两个里程碑之间的距离相等，于是第三个里程碑上的百位数只能是 1。究竟是 100A 等于 100 还是 100B 等于 100 呢？只能是 100A，因为 A 是第一个里程碑上的十位数字，它必定小于第二个里程碑上的十位数字。于是我们列出方程：（10B+1）–(10+B)=(100+B)–(10B+1) 故解得 B=6。因此这三块里程碑上的数分别是 16、61、106，斯迪文爸爸的车速为每小时 61–16=45 或 106–61=45（千米）。

17 题：10 步操作

解析：见下表

步骤	7 升的容器	11 升的容器
1	7	0
2	0	7

3	7	7
4	3	11
5	3	0
6	0	3
7	7	3
8	0	10
9	7	10
10	6	11

18 题：6 步操作如下表：

步骤	第一个牛奶瓶	第二个牛奶瓶	40mL 的量杯	70mL 的量杯
	（100mL）	（100mL）	（0）	（0）
1	100	60	40	0
2	100	0	40	60
3	90	0	40	70
4	90	40	0	70
5	90	40	40	30
6	100	40	30	30

19 题：1 元邮票 28 张，5 角邮票 22 张

解析：分组时 1 张 1 元邮票配 2 张 5 角邮票，这样每组面额相等；由于 1 元邮票的总面额比 5 角邮票的总面额多 17 元，所有共有 17 张多余的 1 元。组数：（50−17）÷3=11（组）；1 元邮票张数 11+17=28（张）；5 角邮票张数：11×2=22（张）或 50−28=22（张）。

20题：鸡127只，兔73只

解析：分组法，每一组腿数相同，一只兔配2只鸡，有些多出来的兔子为 38÷4=9 只余两条腿，余下两条腿并不是有一只兔子残疾了只有两条腿，而是多余出来的不光全是兔子还应该有一只鸡，说明有1只鸡和10只兔子。组数：（200−10−1）÷3=63（组）；兔数：63×1+10=73（只）；鸡数：63×2+1=127（只）或 200−73=127（只）。

21题：大瓶20个，小瓶30个

解析：分组时，1个大瓶配2个小瓶，这样每组大瓶小瓶装油质量相等；由于大瓶比小瓶共多装20千克，所有共有 20÷4=5（个）多余的大瓶。组数：（50−5）÷3=15（组）；大瓶有 15+5=20（个）；小瓶有 15×2=30（个）或 50−20=30（个）。

22题：15人

解析：如题可得出女生比平均分少的部分为（92−90）×30=60（分），那么男生一共比平均分多60（分），平均每名男生比平均分多 96−92=4（分），那么男生共有 60÷4=15（人）。

23题：10

解析：由题意可得，原来8个数的总和为 50×8=400，改动后总和为 60×8=480，增加了 480−400=80，即被改动的数增加了80，则被改动的数原来为 90−80=10。

24题：24棵

解析：设两班植树均为84棵，那么甲班有 84÷21=4（人），乙班有 84÷28=3（人），根据“平均数＝总棵数 ÷ 总人数”，那么两班平均每人植树（84+84）÷（3+4）=24（棵）。

25题：185千克

解析：由已知可得，两块稻田共有 5+6=11（亩），一共产了 $203 \times 5+170 \times 6=2035$（千克）水稻，平均亩产 $2035 \div 11=185$（千克）。

26 题：15 米 / 秒

解析：本题相当于威特和火车的相遇问题，相遇路程为火车长度 342 米，相遇时间为 19 秒，则加速和为 $342 \div 19=18$（米 / 秒），火车速度为 18–3=15（米 / 秒）。